Made in Germany

现代主义的原型·便利生活的创造者

德意志制造

李蕙蓁　谢统胜　著

目次 | Made in Germany
CONTENTS

推荐序
RECOMMENDATION

本人怀着十分欣喜的心情，写下《德意志制造》这本书的推荐序。

欣喜的原因有下列几点：

- 这是我首次见到如此多元化介绍德国的专书在台湾地区出版。这么丰富的内容，就算在德国的出版品也不常见。特别是书中关于旧建筑再利用以及绿建筑的篇章，更是值得读者细读。
- 生态保护设计是德国文化中心众多活动的主题之一，书中的相关篇章恰好与我们的活动主旨呼应。至于书中对德国各大城市，以及"创意之国：德国"的产品和发展的介绍，也与德国文化中心深切的期望相符。
- 另外，书中的照片都非常出色！这些图片以全新、令人惊喜、新颖的角度展现德国，不仅让人惊艳，而且让人想进一步理解德国，甚至兴起造访德国的想望。
- 最后特别要强调的是：读者可以完全信赖这本书的专业品质！因为历史悠久，代表品质保证的"德意志制造"Made in Germany，也同样适用于这本"台湾地区制造"Made in Taiwan 的新书！

再次诚挚向您推荐这本新书。

台北德国文化中心主任　葛汉
2008 年 1 月

Vorwort zu "Made in Germany"

Mit großer Freude schreibe ich dieses Vorwort zu "Made in Germany".
Dafür gibt es viele Gründe:

- Ich habe noch nie ein Buch aus Taiwan in Händen gehalten, das Deutschland aus so vielen unterschiedlichen Perspektiven betrachtet wie dieses. Selbst in Deutschland sind umfassende Darstellungen wie diese rar. Besonders die Kapitel über die Restaurierung alter Bausubstanz und "grüne" Architektur sind bemerkenswert.
- Da auch wir einen Schwerpunkt unserer Aktivitäten im Bereich öko-freundlichen Designs gesetzt haben, arbeitet das Buch uns entgegen, wie überhaupt die Verbreitung von Kenntnissen über deutsche Städte, Produkte und Entwicklungen im "Land der Ideen: Deutschland" in unserem tiefsten Interesse ist.
- Die Fotos sind hervorragend! Auch sie zeigen Deutschland aus einer neuen, überraschenden, erfrischenden und nicht nur zum "Naschen", sondern auch zur eingehenden Beschäftigung, vielleicht sogar zu einem Besuch anregenden Perspektive.
- Alles in allem gilt das alte Gütezeichen "Made in Germany" auch für dieses neue Buch "Made in Taiwan"!

Ich empfehle es nachdrücklich und wärmstens Ihrer Aufmerksamkeit!

Jürgen Gerbig, Institutsleiter Deutsches Kulturzentrum Taipei
im Januar 2008

前言
INTRODUCTION

德意志联邦共和国，德文 Bundesrepublik Deutschland，英文 Federal Republic of Germany，是由城邦所组成的国家，版图一直到 19 世纪后半段才首次一统，开始走入现代化强国之列，积极发展工业、科技与艺术。历经了近代史上最残忍的两次世界大战，1949 年又分裂为东西两德，西德在战后快速发展成为最具生产力的工业大国，东德则发展受限，苏联与东德政府又于 1961 年筑起了柏林围墙，一直到 1989 年围墙倒塌，隔年 10 月版图再次统一。

德国人背负着纳粹的罪名数十载，不断地压抑自己，也造就了谨言慎行的德国性格，崇尚理性主义，精确务实，也准时守时，因而在工业发展上，成就了德国制造的优良形象。德国有世界上数一数二的工业水准与设计能力，许多人类近代史上的重要发明，日常生活中再普通不过的，甚至被我们视之为理所当然，但不可或缺的东西，例如博朗刮胡刀、奔驰汽车、莱卡相机、迈森瓷器、西门子电信，甚至文具规格、西方药典等等这些现代化、高品质、便利性的美好事物，都是首创于德国。不过，无法磨灭的是德国也制造了近代史上绝无仅有的大屠杀与大毁灭，这些好的坏的，正面的负面的，都来自"德国制造"。

Made in Germany

"德国制造"对于许多消费者而言，是个品质保证的代名词，尤其 2006 世界杯之后，德国再度拾回对于国家民族的自信心，市场上也再度掀起了一股德国风，许多厂商更自豪地以"Made in Germany"标语来大书特书。而"Made in Germany"在过去，则有段有趣的诠释，一开始它并不是品质保证的意思。1887 年，英国感受到来自德国制产品大量输入的市场压力，英国议会为了维系英国工业产品的霸权，意图采取反制行动，又怕提高保护进口关税会激怒了贸易伙伴，进而影响了英国产品的输出。英国人认为，德国产品在英国市场的成功，起因于英国消费者没有获得产品的完整资讯，因此国会投票通过，强迫外国进口的产品必须清楚附上制造国标示，主要是针对德国商品而来的特别条款，英国此时已经意识到德国制造将是他们最大的竞争对手。

因此，德国应该感谢英国国会在 1887 年通过的这道法令，这原来是个抵制德国货的国家主义行动，没想到一百多年后的今天，德国工业发展迅速，潜力惊人，德国在工业产品制造上，踏稳了自己的脚步，"Made in Germany"变成了科技效能与设计美学产品的品质保证。

德国的工业革命慢了英国将近一百年，但是他们急起直追，运用既有的英国先例，节省了许多时间。在科技与机器的基础发展上，"品质"与"创新"的要求变成了发展重点，工业规格化与量化，让产品的质与量得以并重，1913 年的莱卡相机、1950 年的甲壳虫车、1961 年的博朗电动刮胡刀，都是最经典的德国制造象征。德国的家电、家具、餐具、刀叉、卫浴设备、厨房设备、生活用品等，也都有其极为重要且划时代的历史角色。

设计新思维

战后的德国，将自己提升到工业领先的地位，也大幅提升了经济实力，很快地成为国际工业大国，也被认为是工业国的基准与模范。工业发展的最终目的是要改善人类生活品质，因此，追求高科技之外，19 世纪 60 年代英国艺术与工艺运动的代表人物威廉·莫里斯（William Morris）已经开始检讨工业革命中所被忽略的生活、文化、艺术等感性层面，也开始要求另一种理性与感性并重的生活方式。

被誉为德国现代工业设计之父的彼得·贝伦斯（Peter Behrens），1910 年为柏林 AEG 电器公司设计的柏林涡轮机厂房（AEG Turbine Factory），是现代工业建筑的重要指标，运用钢铁与玻璃等新材料，也成功建立了新的工业标准。贝伦斯的设计精神不仅反映在建筑上，还有其他的工业产品设计，他宣布放弃任何装饰性的元素、历史的元素，尽量减少形式表现，仅要求必要的。他被认为是 20 世纪初，德国近代设计最关键的人物，不仅是他的设计本身，更重要的是他的概念影响了许多后辈，进而发展成一股新的工业设计美学，像是现代主义建筑大师密斯·凡德罗（Mies van der Rohe）、格罗皮乌斯（Walter Gropius）、柯比意（Le Corbusier）等人，都曾经在他的事务所工作过，而这三人后来更是将此精神发扬光大，建立了建筑与设计的新准则。

1907 年，德国工艺协会（Deutscher Werkbund）在慕尼黑成立，贝伦斯就是其中的成员之一，协会的目的是要革新工艺品质，以增加国家竞争力，这个新尝试没有沦为口号，经由协会成员们的公开展览和辩论，关于艺术与工艺之间的争论，一次次被点燃，也一次次被实现，形成了一股新气象。

乌尔姆设计学院

而谈到德国设计，经常会与包豪斯（Bauhaus）、乌尔姆设计学院（HfG）联想在一起。德国的当代设计，由包豪斯开始了第一步，将生活、产品、建筑等架构在美学基础上，包豪斯留下的，不仅有建筑、家具、工艺设计，更有影响后人甚深的一套新哲学与新思维。

在包豪斯解散之后，经过了第二次世界大战摧残的德国，成了一个需要重新建设的国家，也是一个发展的新契机，在乌尔姆（Ulm）继之而起的是一所设计学院 HfG（The Ulm School of Design / Hochschule für Gestaltung），1955 年又是个全新的开始。HfG 在马克思·比尔（Max Bill）与奥托·艾舍（Otl Aicher）夫妇的领导之下，发展出全新的思维，并未完全依附在过去的包豪斯之下，他们认为设计师与工程师必须站在同一基准上合作，因为两者的思考面不同，如此才能完整统合科技、功能、美学、人因工学各方面考量，成就设计的最高境界。HfG 当时就是以传授这样的知识与设计著称，同时开创出许多工业产品的标准规格。

例如，1963 年设计出世界上第一台圆盘式幻灯机 Kodak Carousel S，之后也成为标准规格沿用至今；20 世纪 60 年代为德国汉莎航空（Lufthansa）所设计的企业识别系统，至今仍在使用；1961 年与博朗合作的第一支电动刮胡刀；1966 年首创设计的电灯泡（Bulb Lamp）等等，都是 HfG 最经典的设计。

许多我们日常生活中随手可得的产品，都源自这个工业国家的发明，德国不仅建立了工业标准，也注重每个细节的美学设计与功能使用，成就了高品质的德国工业设计，而且以不张扬的简洁方式与内敛风格呈现。又如 1922 年制订的 A4 标准尺寸，1929 年发明了茶包设计，1903 年发明保温保冷水壶，1969 年发明智慧卡（IC 卡），1908 年发明咖啡滤纸，让喝咖啡没有残渣等，也都是生活中不可或缺的设计项目。

包豪斯在世纪初奠定了现代工业社会的标准与哲学，而乌尔姆设计学院则是真正落实了理想，让德国当代工艺设计发扬光大的功臣。乌尔姆设计学院的领导人之一奥托·艾舍曾说："设计要先回到事实、回到物件、回到产品、回到街道、回到每一天的日常生活、回到人。"他认为工业设计应该完全跳脱精致艺术，乌尔姆设计学院最根本的设计精神就是"诚实"的产品。这样的精神让战后的德国，出现大量的优质产品，并将设计师与工程师拉到同等地位，表现设计的方式完全以"实用"为依归，而且强调每个人不分阶级都能使用这样的产品。

乌尔姆设计学院的成功，在于设计师们勇于在每样产品上接受挑战，奠定了德国现代工业设计的重要基础，成功地带给工业产品一个全新的境界，也得到国际的认同。现代工业设计的功能、美学、实用并重的模式，也就是从这里开始。

关于设计

德国产品设计整体而言是一种"理性"的表现，是一种"冷"的设计，产品不会刻意强调它的外在形式，却是绝对地耐用与实用。而20世纪80年代，在意大利开始了一股孟菲斯（Memphis）设计运动，认为产品设计并非全然只有实用目的，这股风气也延烧到了德国，促成了"德国新设计运动"（New German Design），新的德国设计又开始加入了"美观"与"美学"元素，许多产品在20世纪90年代都有了重要的改革。现代社会中，形式与情感左右了人类的生活，许多似是而非的因素与附加的要素都可能被包含进去，"设计"在现代，有更多的解释与定义，每个人都有权力来决定设计，因为消费者就是市场上最终的决定者。

设计意味着发展，几乎每隔10年，德国设计就会出现不同的变革，1919年格罗皮乌斯在魏玛（Weimar）创立了包豪斯学校，希望兼顾艺术和工业，创造出一个完全不同的日常生活，不仅在建筑设计本身，建筑物的内部装潢、家用设备、家具等，也都扮演同等重要的角色。因此，日常生活中的设计，占了很重要的比例与范围，从家具、饰品、陈设、厨房科技、餐具、刀叉、任何小物件等，都是设计中不容忽视的一环。

今日的生活步调异常快速，地球上的移动变得稀松平常，现代人在地球村上飞来飞去，人们经营自己的日常生活和休闲娱乐，是根据计划和自我的喜好。因此，现代的产品必须符合"设计"、"体贴"、"应用自如"、"美学"、"功能性"等要素，才能吸引消费者。

传统的办公室与工厂建筑，从贝伦斯在柏林的AEG工厂至今，有了许多变革，现代人的工作与私人生活的互动，变得更频繁也更接近，所以未来我们会以什么样的方式生活都需要"设计"来解答。

现代智慧型的建筑中，建筑设计本身之外，搭配的服务性设备也是重要的关键，因此，建筑不只有纯粹的美学设计，建筑的营造科技、室内环境的控制科技、资讯网络的科技等，再从繁复的中控系统到简单的五金配件，都是成就一栋建筑不可或缺的必要元素。而德国对于建筑材料、建筑工法、施工技术，都有卓越贡献，德国建筑可能貌不惊人，但只要审视其细部处理、建材使用、细腻工法，绝对让人印象深刻。

德国近20年来加大对永续建筑科技的投入，致力于发展绿建筑、永续生活观、永续城市、再生能源，对于存在着能源危机的地球，有相当的贡献，其中以太阳能与风力发电的研发与制作领先全球。绿色思维和勇于实践的精神，在法规制订与彻底执行的能力上，也代表一种德国制造。

关于德国设计与德国制造的样貌何其多元丰富，能切入探讨的角度也千百种，文中仅能描绘出其中的一小隅，有些是我们旅途中遇见的，有些则是日常生活中每天使用的，更有些则是自己崇尚的设计或是想拥有的精品，在分类、研读、剖析、撰写的过程当中，旁征博引地发现了更多有趣的题材，也开启了认识德国设计的一扇窗。

Chapter1 Made in Germany

艺术的德国 | 公共艺术

100 天的艺廊｜卡塞尔文件展

再次来到卡塞尔（Kassel），这显然是我们最熟悉的德国城市，也是待过最长时间的城市，为了 2007 年的第 12 届卡塞尔文件展（documenta 12），我们搭上德国高铁 ICE 来到卡塞尔新站，直觉反应地走到电车月台，等着 1 号电车带我们进入市区。

　　一年时间，卡塞尔的市容依旧，不像每年回到台湾地区，台中的市容总让我觉得来到了陌生城市，欧洲城市的改变相对缓慢不急切，也保留了较多旧有元素，姑且不论好或不好，总给我亲切的感受。

　　因为举办文件展而知名的卡塞尔，是位于德国国土中央的钢铁之都，"二战"时遭受盟军猛烈轰炸，这里已看不见传统德国城市的样貌，取而代之的是现代工业城市，城市本身并不特别吸引人，却是个真实生活的地方，而城市周边威廉山（Bergpark Wilhelmshöhe）上的城堡、宫殿与大力士像，则是优美的森林绿地，也是热门的观光景点。

● **卡塞尔文件展**

　　"卡塞尔文件展"，是世界上最重要、最知名的当代艺术大展之一。五年一度的艺术盛会源自 1955 年，学院派出身的阿诺尔德·博德（Arnold Bode），是艺术家、建筑师，也是教授，在经过大战摧毁的中部城市卡塞尔，举办了第一次的文件大展。

　　纳粹独裁政权的年代之后，通过艺术创作与展览，让德国人面对失败，找寻自信，也拉近了德国与国际现代主义艺术之间的距离，建立了自己的舞台和群众，这个尝试非常成功，甚至被视为是战败德国在美学成就上的报复。

卡塞尔城市中的主要大街上，挂满了文件展海报

原本只是为期 100 天的单次展览，称为"100 天的博物馆"（Hundred Day Museum），展出获得空前回响，进而演变成五年一次的当代艺术展，成了当代艺术图像，反映了艺术表达方式的实验过程，也接纳了蜂拥而至的非西方思维。更在每一届不同策展人的自我风格中，各有主题与特色，例如"20 世纪的艺术"、"'二战'后艺术"、"普普艺术、极限主义、动能艺术和装置艺术"、"影像实验"等。

第一届至今，每届的参观人次持续增长，2007 年的 100 天，吸引了754301 人次的访客，其中有三分之一来自国际，以荷兰、美国、法国为最，而其中增长人数最多的则是中国；更有来自 52 个国家的 4390 位专家和 15537 名媒体工作者参与，大家都期待着这个当代艺术实验室会端出什么菜色来。

莫斯科艺术家迪米特里·古托夫（Dmitri Gutov）的作品《围篱》（Fence），由六片两米高的金属屏风组成，呈现了马克思的德意志意识形态、贝多芬写给情妇的信、日本僧侣书法家仙崖（Sengai）、武士 Tesshu、中国书法家米芾的作品

台湾地区年轻艺术家曾
御钦的参展作品，分别
位于弗里德利希阿鲁门
博物馆与奥依亭阁两个
主要展场

策展人表示多数的艺术策展会专门针对某位艺术家、某个确切的年代、某种特有的风格，或是与某个理论结合，而本届文件展最大的特色在于它是个没有形式的展览，意味着一个极矛盾的领域，他们倾向去感受这样的挑战，也在寻找过程中接受挑战。

文件展的价值与挑战，在于展览空间里的艺术以自己的语汇呈现，作品不一定有前后文的脉络关系，如何不区隔这些作品，又能公平地单一显示出所有的东西。艺术家借由作品的形式和概念来教育自己，大众则通过他们对事物的审美观来教育自己，艺术和教育提供全球的文化转换，也提供公开辩论的机会，卡塞尔文件展的重点就在于"美学教育"，让我们学习如何与艺术相处。

为了达到这样的艺术交换价值，也为了让这样的构想可以在同一时间被正确地表达出来，策展人提出了本次展览的三大主轴："Modernity：现代化过时了吗"、"Life：生命的本质为何"、"Education：我们需要学习什么"。

当然，策展人也提醒大家，这些问题并不会在展场中得到正确单一的答案，因为这里存在着各种可能，就让参观者在展场中与来自 43 个国家的 109 位艺术家所构成的艺术团队中，探索自己的解答。而这一届的受邀作品中，也有来自台湾地区的年轻艺术家曾御钦，他的作品"有谁听见了？"系列一及系列五两支短片在展场中颇获好评，也让台湾地区再次与国际艺术接轨。

策展人表示："我们推出展览，为了就是要发觉出什么来。"卡塞尔文件展企图从世界不同的地方，找出不同形式的知识与艺术，这个转化的过程，穿透了地方和历史的疆界，让这样的形式可以相连，却不被彼此限制。展览内容包含最极端的区域和最不同的年代，因此有 14 世纪的波斯画和 2006 年中国瓷器雕塑共同展出。参观者则被指引到这些形式、颜色与内容多元的作品中，进入这个对话空间，去看、去听，也去唤起自己的声音。

中国艺术家带来的上千
张太师椅，是展览作品，
也提供观展者休憩之用

● 开展前的热身

　　除了展览本身，主办单位也以各种方式，预先在全球与地方造成广泛讨论。

a. 卡塞尔顾问委员会：卡塞尔当地的 40 位各领域专家所组成的委员会，分别来自教育、社会、政治、都市规划等领域，有工人、科学家、社工、移民、儿童与青少年组织、艺术家等，想了解他们与这个城市的关系。

b. 文件展杂志：邀请了全球超过 100 个不同版型、主题、焦点、艺术、文化、主题的报纸、杂志或线上媒体，在开展前 18 个月即加入这个对话平台，提供交换、讨论、辩论、转译等不同层次的交流。再以专题报道、访谈、摄影评论、专栏式、小说式等各种方式呈现。最后汇集成三本"杂志中的杂志"，分别名为"现代化？"（Modernity？）、"生命！"（Life！）、"教育："（Education：），提供了 300 篇相关报道。

c. 出版品：除了专题杂志之外，主办单位也发行三本专书：《卡塞尔文件展目录》（*Documenta 12 Catalogue*）、《卡塞尔文件展图画书》（*Documenta 12 Picture Book*）、《卡塞尔文件展版本》（*Documenta 12 Edition*）。

d. 热身活动：开展前除了不定期的记者会与全球媒体的交互讨论之外，也有多项宣传活动，如"文件大展巡回专车"（Documenta Mobil）、"文件大展五十年"（50 Jahre documenta，1955—2005）回顾展、"卡塞尔博物馆之夜"（Kassel Museum Night）等来呼应本届文件展。

A

A

B

C

A | 艺术家艾未未（Ai WeiWei）的作品“模板”（Template）展示在奥依亭阁旁的绿地上

B | 弗里德利希（Friedrichsplatz）广场在展览期间，特别摆上了大红椅子，不仅有装点效果，也可让参观民众歇歇腿

C | 弗里德利希广场上的装置艺术品：The Exclusive. On the Politics of the Excluded Fourth

D | 弗里德利希广场上这片罂粟花田，也是本届艺术家参展的户外作品之一

E | 文件展览厅里的装置艺术与织品艺术对话

●卡塞尔城市

任何形式的艺术都需要“空间”来表现，空间可以“沉思”，允许我们观察事物，也让这些作品说话；空间可以“讨论”，允许我们弄清楚事情的真相。卡塞尔文件展特别强调，这次是个“空间”的体验，展场不仅展示艺术品，也要让它的观众可以进入其中探索。

卡塞尔文件展的展场空间分散在卡塞尔城市中不同的角落，六个主展场包含：文献展厅（Documenta Halle）、弗里德利希阿鲁门博物馆（Museum Fridericianum）、奥依亭阁（Aue-Pavillon）、新画廊（Neue Galerie）、文化中心（Kulturzentrum Schlachthof）、威廉城堡（Schloss Wilhelmshöhe）等。除了主要展场，城市中也有 11 件大型户外作品，另有远在西班牙，由阿德里亚（Ferran Adria）担任主厨，拥有米其林三星评价、曾多次荣获全球最佳餐厅的知名美食餐厅阿布衣（elBulli）的参与。亦有移动式的展览“tram 4 － inner voice radio”，由俄国艺术家基里尔·普列奥布拉斯基（Kirill Preobrazhenskiy）策划，将一个个耳机挂在 4 号电车上，沿途收集不同市民的故事。

D

E

A

B

C

D

E

F

A │ 佛罗伦萨风情壁画
B │ Gruppe Fremde
C │ 大锄头
D │ 斜坡道
E │ 观景器
F │ 善良的巨人

G

卡塞尔城市本身也借由展览不断学习，经过了50年（11届），历届许多作品选择性地保留在城市角落中，成为战后工业都市的最佳公共艺术，在街角、在墙上、在屋顶上、在草丛堆里、在空中，最醒目的包含卡塞尔火车站前的"善良的巨人"（Man walking to the sky）、弗里德利希广场边的"观景窗"（Au Window）、伏尔达（Fulda）河畔的"大锄头"（Pickaxe）、卡塞尔大学旁的"斜坡道"（Die Rampe）、弗里德利希阿鲁门博物馆邻栋的红宫（Rote Palais）屋檐上有"Gruppe Fremde"、威廉高地大道（Wilhelmshöher Allee）与 Wittrock Street 两条街附近一栋公寓墙上的"佛罗伦萨壁画"，还有城市景观中随处可见的"橡树"，都是历届精彩的艺术作品。

H

I

G｜商店中的纪念海报与出版品展售
H｜本届文件展的服务单位，例如资讯中心、商店、书店、厕所、寄物处等，全都以白色货柜改装而成，在城市中非常醒目也机动，图为售票处
I｜第12届文件展展览时程从2007年6月16日至9月23日，为期100天。第13届卡塞尔文件展，从2012年6月9日起展出100天

卡塞尔为了2007年的文件展，也规划了一系列的文艺活动，名为卡塞尔07文化展：文献年中的城市规划（Kasselkultur 07 – stadtprogramm in documentajahr），包含各种活动展演、艺术教育、音乐、文学、戏剧与舞蹈、电影与媒体、建筑与空间、儿童与青少年等。

文件展本身也挑选了50部影片播放，名为第二人生（Second Life）的系列电影在葛罗丽雅电影院（Gloria Kino）播放，影片内容包罗万象，由奥地利电影博物馆馆长挑选，涵盖1952到2007年的大众娱乐、前卫电影、纪录片、欧洲艺术电影等。

艺术教育也是本届展览的重点规划，会场提供参观者不同层级的艺术教育形式，提供解说导览与教育活动，共有16种语言之多，本届总计出了7635团的导览解说团，获得热烈回响。另外也有最新式的S—Guide，提供iPod租用，参观者可以以自己的步调观展，红色iPod在会场上成了显眼的装饰。文件展相关的展览资讯，除了开展前在网页上不断更新，现场也提供了色彩鲜明的各式展览折页，有活动总览、展览地图、影片节目、艺术教育等，参观者可以从不同比例的地图中，概略了解艺术作品的编号、卡塞尔城市与展场的相关位置，只要一份地图在手，即能按图索骥，一目了然。

当然，任何形式的艺术展览，总会引来不同的评论与争议，本届的文件展一样有褒有贬，策展人也虚心接受各方提出的意见，这也是文件展的艺术交换价值之一。

卡塞尔文件展官方网站｜
www.documenta12.de

街角的惊奇

德国的大城小镇，无论是现代化都市或是传统城镇，总会让旅人在街角撞见各种古典风与现代风的雕塑艺术，是德国城市的特色。看似严肃的德国人，总能创造出颇具幽默感的雕塑作品，增添城市风貌的多元性。雕塑有的知名，有的不知名，欧洲旅游的经验中，常常追寻着一个个雕像，游人对着雕像拍照、端详，想象着与它相关的各种有趣传说。因此找寻街头雕塑，或是不预期地与雕塑相遇，是我们城市旅途中最期待的一环，不仅欣赏雕塑本身，站在广场上、街角边，欣赏着过往旅人们欣赏雕塑的样子，也是另一种趣味体验。

德国也有以雕塑为主题的艺术展览，十年一次的明斯特雕塑展（Skulptur Projekte），四届展览下来，在明斯特（Münster）城市中累积了 39 件永久展览作品，成了城市中最精彩的装点，展览对于城市环境改造有相当的影响力。2007 年的 33 件参展作品，也跳脱了传统雕塑的形式，出现了以声音为媒材、地砖拼贴、规划城市探险路径、净化污染水源地、考古遗迹上制造怀旧气氛、播下种子等各种方式，整体展览以怀旧、反省、愉悦的主题来创作。

第五届展览将在 2017 年举行。

柏林的代表"熊"，
柏林市中心各个角落
都可看见熊的踪影

A

A | 不来梅的
猫与男孩
B | 不来梅乐
队四只动物

●不来梅的猫与男孩

不来梅港的老旧历史街区——施诺尔区（Schnoor-viertel），由 15 到 18 世纪的狭窄街道与迷你房舍组成。"二战"前，这里是不来梅最贫穷的一区，侥幸逃过战火，重新整顿之后，现在出现了一家家艺品店，成了游客的最爱。在一棵树丛后方，一面不太起眼的白墙上，有个让人惊艳的雕像作品，一只猫与一名男孩，似乎在墙边玩着追逐游戏，下方则是个喷水池，如果不是这潺潺水流声，还真不会注意到这个精致的角落。

●不来梅乐队雕塑

格林童话里"不来梅乐队"的四只动物铜雕像（Bremen Town Musicians），驴子、狗、猫与公鸡，很不起眼地堆叠在市政厅与教堂之间的角落，永远围绕着世界各地来的观光客，一个接着一个合照，根本找不到空当，大小朋友对这个知名的童话故事都有无限的想象。传神的动物雕像，是 1951 年当地雕刻家格哈德·马克斯（Gerhard Marcks）的作品，随着一整天的光影变化，有各种取景的可能。

不来梅另有两个不同造型的不来梅乐队，一个位于历史街区施诺尔区墙上，一个位于狭窄街区——贝特赫街（Böttcherstraße）的布偶店前。

B

不来梅养猪人与群猪

● 不来梅养猪人与群猪

从火车站去不来梅旧城，在热闹的购物大街瑟格街（Sögestrasse）上，有一群醒目的雕塑，养猪人与群猪，外加一条狗。瑟格街是不来梅最古老的街道之一，是中世纪赶猪的必经之路，1974 年，彼得·莱曼（Peter Lehmann）在街道起点放置了这组充满童趣的雕塑。

● 格丁根的牧鹅少女

格丁根（Göttingen）位于童话大道的中间位置，是德国四大著名的大学城之一，城市建于公元 953 年，也是汉萨同盟的港市之一。与童话大道的渊源，就是 1829—1837 年格林兄弟在格丁根大学执教。

在中世纪的哥特式老市政厅附近，找个阴凉的角落坐下来，看着游客们欣赏市政厅广场上一尊新艺术风格的牧鹅少女喷泉（Gänseliesel），1901 年即立在此地，格丁根大学的博士生毕业时有个亲吻女孩脸颊的传统，名为"博士之吻"，雕塑有个头衔——"世界上获得最多吻的女孩"，这幅景象就是格丁根最经典的画面。

● 格丁根的街头雕塑

　　格丁根大学建筑改建的博物馆前，另有两个现代雕塑，一位是大学知名的学者塑像格奥尔格·克里斯托夫·利希滕贝格（Georg Christoph Lichtenberg），一个则是鱼与手，雕塑的点缀软化了周围建筑的生硬。这是一座气质型的大学城，以观光客角度而言，没有特别精彩的景点，我却独钟这样的安静与简单。

A｜格丁根大学校园中的鱼与手雕塑
B.C｜格丁根的牧鹅少女
D｜格丁根大学校园里的德国知名学者格奥尔格·克里斯托夫·利希滕贝格雕塑

B

C

A

D

走出点子来 | Walk of Ideas

2006 年夏天的世界杯，在德国风光开幕闭幕，不仅是场世界级的足球赛事，更是德国人在战败后，向全世界推销自己的大好机会。许多大型工程与地标性建筑也赶在此之前落成，例如斯图加特的奔驰汽车博物馆、柏林中央车站、柏林奥林匹克运动场整建工程等具指标性意义的工程。

统一后的首都柏林，这几年的大小工程未曾间断，官方为了世界杯，更以六件巨型雕塑，向世人阐述德国在过去与现代，于足球鞋、医药、汽车、现代印刷术、音乐、科学研究等六大领域中的杰出成就，雕塑散布在柏林市中心的重要角落，成为当时首都最受瞩目的焦点。

此项展览是建构在德国官方"德国创意"（Germany-Land of Ideas）一系列宣扬德国的科技与文化主计划之下，其中一项子计划名为"Walk of Ideas"的雕塑展。展览折页上有段重要的文字写着，德国最骄傲的资产就是"在这片土地上生活的人们的观点"，德国人不凡的创造力与对品质的坚持，造就了今日享誉国际的德国工艺。六件巨型雕塑——"足球鞋"、"药丸"、"汽车"、"印刷术"、"音乐"、"相对论"，在世界杯开踢前陆续进驻柏林。从艺术展览的角度，从作品选放的位置，从艺术品的可亲近性，从背后彰显的意义等各方面来看，这都是个极为成功的案例。这一系列的产品，不仅强调设计，更强调它的组装、稳定性与安全考量，完全符合 Made in Germany 的标准与精神。

● 阿司匹林：药品里程碑

这颗看似无奇的药丸，是影响医药业的重大发明——阿司匹林（aspirin）。阿司匹林是德国拜尔制药（Bayer）在 1897 年所研发的解热镇痛剂，是当今医药界频繁使用的药品。德国人以世界药房自居，不仅在药品的研发技术上，其他像是医疗用的 X 光机器、心导管、洗肾技术等，都来自德国发明。今天，医药科技研发仍在持续进行中，例如癌症疫苗、中风治疗、老年痴呆症、糖尿病等的新药，都正在各个药厂的实验室研发着。

这颗直径 10 米、厚度 3 米、25 吨重的大药丸，摆在柏林最新颖的城市角落，德国联邦议会的背面，也是新兴的腓特烈埃伯广场（Friedrich Ebert Platz）河岸边。刚落成不久的联邦政府办公室建筑群，横跨施普雷河两岸，药丸成了河岸阶梯与河滨步道的最佳衬景。

●足球鞋

　　与世界杯最直接相关的足球鞋，置于新落成的柏林中央车站与德国联邦总理府之间新兴的城市绿带与蓝带，是柏林人也是游客最新的热访景点。从柏林总站正门出来，过桥后就可见到一双巨型的"阿迪达斯足球钉鞋"，一正一倒地躺在草地上，大小朋友们将光滑鞋面当成溜滑梯，玩得不亦乐乎，12 米长、20 吨重的雕塑，每只鞋由 30 片的玻璃纤维所组成。

　　阿迪达斯（adidas），一个我们都不陌生的运动用品品牌，它也是改写运动史的重要角色，别小看这品牌商标的三条线，它具有保护运动员足部免受运动伤害的实质机能。"adidas"名称是由创办人阿迪·达斯勒（Adi Dassler）名字的缩写而来，达斯勒家族还有另一号响当当的人物，那就是德国另一知名运动用品品牌彪马"PUMA"，这是当初共同创业最后分家的哥哥所创。

来自巴伐利亚州纽伦堡附近荷索金劳勒 (Herzogenaurach) 小镇的达斯勒，1920 年发明了世界第一双运动鞋，1925 年发明了第一双带金属钉的足球鞋与田径鞋，接下来几十年，不断研发适合各类运动的鞋类与服饰，拥有超过 700 种专利权。1954 年，德国队首次赢得世界杯冠军，穿的就是这双能对抗湿滑草地的足球钉鞋，从此打响该品牌知名度，独霸足球体坛至今。

● 现代印刷术

1450 年，来自美因茨（Mainz）的谷登堡（Johannes Gutenberg），发明了影响世界文明传承最重要的"现代活版印刷术"，用金属做出字母排版印刷，第一本印制的印刷品就是《圣经》。大量、快速、便宜的印刷品，成就了后来的宗教改革与启蒙运动，也大量提升识字率，对后世影响深远。

这件用 17 本书籍堆叠起来的作品，12.2 米高，5 米宽，3.5 米长，35 吨重，每一本书背上刻着德国知名作家的姓名，由广告公司 Scholz & Friends 所设计，放置在洪堡大学、国家歌剧院与古根汉博物馆所环绕的倍倍尔（Bebel Platz）广场入口，这个广场即是当时纳粹烧毁几万册书籍的焚书处，广场底下有以色列雕刻家拉马特·哈沙什（Ramat Hasharon）与德国设计师米夏·乌尔曼（Micha Ullman）所设计的一座空书架"图书馆"，空间大小刚好是当年被焚毁的书籍数量，这件雕塑摆在此，与历史相互对话。

印刷术不断更新发展至今，德国仍拥有世界最先进高级的印刷机器与印刷颜料，"Printed in Germany"仍是品质保证的金字招牌。现在，德国有 1800 家出版社，每年出版八万本新书供应市场，2005 年德国的出版业，总计出口九亿六千三百万本出版品，总值超过 43 亿欧元，德文印刷品是全世界第三大，第一大无疑是英文出版品，第二大则是中文。

●汽车

德国车是最高品质的象征，梅塞德斯－奔驰（Mercedes-Benz）、宝马（BMW）、保时捷（Porsche）、奥迪（Audi）、欧宝（Opel）、大众（Volkswagen）皆是名闻国际的大厂，是品质、安全性、操控性的象征。奔驰于 1886 年发明了人类史上第一部现代汽车，现今普遍使用的汽油与柴油内燃机引擎皆是以德国发明者来命名，并持续沿用当初引擎的设计概念。目前普及于每部车上的安全设计，如防锁死刹车系统、安全气囊、防滑稳定系统、全时四轮传动系统、全铝合金架构车体等，皆来自德国科技，重视环保的德国，也进行氢氧混合车与再生能源电池的研发。

这辆展示的汽车代表的不仅是每年生产的 900 万辆高品质汽车，还包含了著名的摩托车业、火车与造船等重工业。汽车雕塑由奥迪汽车所设计，10.2 米长、3.25 米高、4.5 米宽，重达 10 吨。因为代表着可移动的物体，因此展览地点不停移动，从最早的火车站附近，移到了勃兰登堡门前，再移驾至胜利女神柱旁，我们参访时，该雕塑又南移到慕尼黑机场，达到最大的展示效果与商业价值。

● 音乐

这组音符作品，不管是雕塑本身或是作品摆设的位置，都极度赏心悦目。

古典优雅的宪兵广场（Gendarmenmarkt），南北两端分别是两座相对称的双胞胎建筑：德国教堂与法国教堂，西侧则是柏林交响乐团所在的音乐厅。广场上因为这些跳动的音符，气氛显得热闹。

音乐，是全世界共通的语言，历史上有许多伟大的音乐家来自德国，贝多芬、舒曼、瓦格纳、巴赫等，因此音乐也成了德国人自豪的文化。

当然，不只这些古典乐，现在的德国，也持续培育音乐人才，根据德国 2006 年的统计，有 90 万名音乐系学生在各级音乐学校学习，受教于 35000 名音乐老师。有 135 个官方赞助的乐团在 80 个音乐厅持续演出，有 140 万德国人在五万个合唱团里演唱，德国的音乐演出水准早已享誉国际。此外，20 世纪 80 年代开始普及于全球的电子乐，也是德国所开创，现代人不可或缺的

MP3 音乐格式也来自德国发明。

音符雕塑一共六个，三个 1/4 音符，三个 1/8 音符，每一个都 8 米高、5.4 米长、2.1 米宽，也是由广告公司 Scholz & Friends 操刀，将六个音符巧妙地错落在广场上，因应不同太阳角度而有不同的光影变化，映在建筑大师申克尔（Karl Friedrich Schinkel）的古典建筑上，造型优美又相得益彰。

● 相对论

爱因斯坦的狭义相对论、广义相对论、光速恒定、分子、量子，这些影响当代物理学甚深的理论，也是德国自豪的发明。

爱因斯坦是德国犹太裔物理学家，高中时代搬到瑞士求学、工作，提出重要的相对论，曾受邀回德国的大学授课十多年，最后迫于纳粹屠杀，迁居美国，协助美国研发原子弹来抵御自己的德国。之后美国对广岛、长崎丢下了原子弹，造成震撼的伤亡，他又成了反核弹的和平使者。对物理研究、对这个世界，他的确都是影响深远的人物。

Walk of Ideas |
www.land-of-ideas.org

放置在申克尔旧博物馆前的"E=mc²"雕塑，4米高、12米长、10吨重，也由 Scholz & Friends 设计，除了代表爱因斯坦，也代表着德国的科学研究。跟其他五件雕塑一样，同样吸引着大小朋友爬上爬下，容易亲近，耐脏耐用，也是雕塑受欢迎的原因，公共空间的装置艺术不一定得搞得高不可攀，也不需要为了安全顾虑而矫枉过正，抹煞了所有创作的原意。

这些美感、创意、幽默、实用与精神意义兼具的公共艺术，对于台湾地区建筑大环境与公共艺术的设置，有非常实质性的参考价值。

遍地艺术｜弗赖堡拼贴地砖

● 马赛克

走在巴黎的街上，切记要看地上，因为一不小心，就会踩到地雷；而走在弗赖堡的街上，也切记要看地上，因为这里有满城的砌石风景"马赛克拼贴"。

弗赖堡旧城区是无障碍的行人徒步区，街道上满布精心设计的鹅卵石拼贴图腾，塑造了这个亲密尺度城市中最独特的画面，每个景点、每家店面、每个转角，都有诉说着历史的符号，或者只是一朵装饰性的小花与图腾，这些东西，看懂也罢，看不懂也行，让我一路走来，走得很不专心，也走得快乐无比。

这些花样百变的图案，总计超过 70 种，有传统的，有故事的，有市徽的，有可爱的，有应景的，有符合店家的，这一块块的石材由莱茵河采集而来，别具巧思地拼贴在旧城里各个重要的位置，或装饰用，或说故事用，甚至连德国最常见的药妆店前，也都拼了一个"A"的标志。

● 小沟渠

马赛克之外，弗赖堡城市风景中另一项特色就是沟渠（Bächlein），德文的街道排水沟之意。现代欧洲街道甚少见到排水沟存在，几乎都已加了顶盖，弗赖堡的排水沟，刻意凸显此一旧有的街道元素，用来汇集雨水的小沟渠，不仅有实质功能，更增添了城市风景的乐趣，大小朋友都可以在沟渠中寻觅童趣，许多小朋友总喜欢穿着彩色雨鞋，径自在小沟渠里戏水，潺潺流水声，也给城市更贴近自然的印象。

平均约 30 厘米宽、10—12 厘米深的沟渠，收集了周围黑森林与城市中的雨水，网络般的沟渠蔓延在旧城的大街小巷两侧，所以走起路来可要小心，别一脚踩进水沟里了。过去这些沟渠是用来灭火与喂养家畜之用，当地有个有趣的传说，如果你不小心踩进了水沟，将很快会跟弗赖堡人结婚。

店招风情画

欧洲城市中的街道风情，除了古典优雅的建筑风貌之外，另一个最具特色的景观就是小巧精致的商店招牌，欧洲的店招没有闪烁的霓虹灯，没有超大面积，既不显眼，也不招摇，安静地挂在墙上，优雅地吸引着过客，也是欧洲城市中市民美学的表征。

台湾地区城市中混乱的街景，最大的来源就是乱无章法的招牌，或者因为营业时间的关系，我们的店招需要在夜间以霓虹灯来招揽顾客，欧洲商店夜间不营业，因此不需要会发亮的招牌。不过，对比街道整齐的新加坡，台湾地区仍有很大的进步空间。

欧洲的店招也是展现店家品味的地方，以雕塑、彩绘等方式，运用钢铁、木头等材质，设计出让人赞叹不已或是会心一笑的招牌，而不让人倍感压力。

因此，游历德国城市，也别忘了抬头看看沿街的店招，其中最具特色的大概就属观光城镇罗滕堡（Rothenburg）的店招，五花八门的设计是城市中最闪亮的装饰。旅途中，记录下这些风格独具的商店招牌，也是我探寻的乐趣之一。

德累斯顿新城艺术街区

搭上电车来到德累斯顿（Dresden）的新城区，从埃尔伯（Alberplatz）广场走过两三个街区，这一带街景布满涂鸦艺术，有看似乱涂的，也有刻意彩绘的，形成有趣的街景与氛围，很雅皮，很嬉皮，也很生活。

在街屋前看到了一块浅蓝色招牌，画着一只黄牛，这里就是艺术街区（KunsthofPassage）的入口。从街屋底下的通道右转进去，里面即是经过特意经营的别有洞天的院落，每栋建筑立面都不相同，以彩绘或是装置艺术来雕琢，店家以艺品店与餐饮店为主，是个商业化的空间，建筑与整体环境颇具巧思。

艺术街区的入口招牌

A

艺术街区位于新城区的中心位置，连接 Alaun 街与 Görlitzer 路。曾经是个破败混乱的中庭空间，1997 年经过更新后，已经完全摆脱旧有的残败，现在成功结合了生活、工作与娱乐功能，变成了一块块宁静艺术的区域。

入口处的黄色空间，以"狂想"为中庭主题。立面以马赛克为基底材料，上方有着充满神秘感的图像，有人、动植物或是不存在的生物，随着光线变化，会有不同的立面视觉，让访客有无穷的联想，可以随着观者的联想，衍生天马行空的不同诠释。

接着，来到蓝紫色的空间，中庭里种满了银杏树，蓝紫色墙面与周围白墙的建筑两相对比之下，赋予此区一种特殊的气氛。因为颜色代表着生命的力量，也代表着无限的可能性与想象空间。

B

C

A ｜蓝紫色的院落，充满想象
B ｜以狂想为主题的黄色院落
C ｜持续变化的金属纸片中庭

A

B

以水景和音乐为主题的中庭，反射了天空的颜色与阳光变化，水景伴随着多媒体音乐，乐器衍生至中庭建筑的立面，让平面设计元素与立面设计元素完美结合，每隔半小时就会有一次水与音乐演出，任何气候都有很好的效果，尤其下雨时，产生更多的水元素，中庭里有绿丘，与街区的绿色屋顶相结合。

拥有 24 个金属板的中庭，由钢架构组成，中间安装不同材质的纸，随着气候变化而质变，加上旁边的植栽与爬藤类植物，随时都有不同体验。持续"变化"就是这个中庭的主题，因为钢构架会产生铁锈，而植物也会一直生长变化。

水牛与小水塘旁边是一个由沙岩所组成的假山，潺潺流水与假山营造出一个安静的空间，这个中庭有"动物中庭"之称，屋顶有假鸟，中庭立面也有各种抽象的动物造型，中庭建材以沙岩为主，阳台上装饰着柳条编织成的辫子，猴子吊挂在窗台上，一旁还有雀跃的长颈鹿，屋顶还有天鹅与其他鸟类，设计师想要将此区营造出丛林意象。

探访艺术街区，每个角落都让人充满惊喜，时间充裕，还可选个喜欢的中庭，坐下来喝杯咖啡。

KunsthofPassage |
www.kunsthof.com

A | 丛林意象的动物中庭
B | 以水景和音乐为主题的院落

不来梅黄金巷

与不来梅市政厅广场相连的狭窄街区贝赫特街，长度约 110 米，1926 年当地一位咖啡进口商将它改建为立体派装饰（Art Deco）风格的巷弄。入口处的大面金色浮雕是一幅天使刺龙的故事，巷子里以砖头堆叠出表现主义浓厚的建筑风格，这里有博物馆、高级艺术品店、咖啡座、赌场、工作室与独特的钟楼，巷底还有希尔顿大饭店，是一条很商业化的小巷弄。

A｜骑楼下的咖啡座
B｜玩偶店门口的四只动物，是游客们不可错过的合照对象
C｜黄金巷象征：天使刺龙的金色浮雕

A

B

C

贝赫特街的历史可追溯到中世纪，这里是当时连通各大市集、港口与住宅区的重要通道，一直到 19 世纪末没落为止。1902 年，住在 6 号的咖啡商路德维希·罗泽柳斯（Ludwig Roselius）在街区中兴建了第一栋大规模的建筑，1906 年正式登记营业后，带动了周围发展。短短 100 米左右的老街空间丰富多元，成了不来梅的著名观光景点。

老街成功的保留了怀旧气氛，由于 1922 年即成立的住户委员会的严格管理，妥当保存了旧有立面，让它成了现代观光的卖点。咖啡商路德维希·罗泽柳斯所兴建的建筑，展现了他独特的艺术观与建筑理念，也为他的咖啡事业打下名号，对于发扬传统"低地德国"的工艺与语言文化有很大贡献。在 1944 年的一场大火中，街区严重损毁，目前所看到的是 1954 年之后陆续修复的样子，尤其在 1988 年，当地储蓄银行（Sparkasse Bremen）购买了大部分的建地与道路，投注大量资金，

才得以在 1999 年全部修复完成。

走在精彩的窄巷间，欣赏特有的建筑风貌，欣赏定时表演的钟声，街尾即是连通易北河（Elbe River）的港口，也可以从这里步行到不来梅（Bremen）最古老的街区——施诺尔。

Böttcherstraße |
www.boettcherstrasse.de

柏林塔哈拉斯艺术之屋

从柏林最大的犹太教堂（Neue Synagoge）往东走，奥拉宁堡街（Oranienburg Straβe）路旁有一栋外观残破的建筑，周围环境布满各式涂鸦，就是柏林城中区知名的塔哈拉斯艺术之屋（TACHELES）。建筑物周围的地上铺满细沙，到处都是破铜烂铁，眼前看见的东西无一幸免，全都是涂鸦，墙上正好有几名年轻人正在进行创作，后方坐着一群正在欣赏彩绘过程的游客，残破的建筑物内部空间已改成艺廊、展演空间与咖啡馆，充满颓废风格，工作室里还可看见像是"黑手"的艺术家正在切割金属元件。

A｜建筑周围的空地，随处可见艺术作品堆叠
B｜建筑物与周围环境无一幸免，随处可见涂鸦艺术
C｜年轻的涂鸦艺术家创作，吸引游客围观

TACHELES ｜
www.tacheles.de

A

B

"Tacheles"是古犹太话"揭发、展现"之意，位于柏林城中区的废墟当中，之前为犹太区，意外地成了艺术之屋。1907年，这栋建筑物是大型购物中心，1928年购物中心破产，又经过"二战"的猛烈轰炸，一直以如此颓败的样子存在着，1990年都市计划原本打算全部拆除，结果因为一群年轻艺术家将此当成据点，也因为建筑特别的钢结构，而保留成为历史建筑。

1989年，柏林围墙倒塌时，一股强调自治自发即兴创作的次文化在柏林形成，这里演变成自我思考、艺术创作、新生活模式、新城市概念的代名词。除了颓废风的涂鸦艺术，楼地板面积约9000平方米的建筑空间里，也有各式各样的艺术展览、音乐演奏、戏剧表演，

对于周遭环境是一种正面的带动。目前有30间工作室与50位艺术家进驻，入选进驻的艺术家可以获得6个月至1年的租用合约，以每平方米4欧元的低廉租金，在此从事艺术创作。柏林市政府提供固定的艺术补助，也有来自商业团体的赞助。

因为废墟般的外观与艺术上的表现，让它在短时间内成名，成为拜访柏林的必访景点。

柏林塔哈拉斯艺术之屋

理性

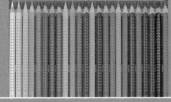

Chapter2

Made in Germany

理性的德国 | 工艺设计

DB 特快车 | 德国高铁 ICE

台湾地区高铁经过多年的风风雨雨，总算在 2007 年初正式通车，当初很多因为政治因素而对它颇有意见的人，现在也都乘着高铁南来北往，进行着商务与旅游，享受它提供的便捷服务。而台湾地区也与德国 ICE（Inter City Express）、法国 TGV（Train à Grande Vitesse）、日本新干线等高速铁路并驾，成为世界上少数几个有高铁营运的地区。

A | ICE-3　B | ICE-1　C | ICE-2　D | ICE-T

高速铁路指的是时速超过 200 公里的列车，1964 年日本的东海道新干线是世界上最早发展出来的高铁系统，接着是 1981 年法国巴黎到里昂的 TGV，然后就是 1989 年德国推出 ICE。

2002 年的德国之行，第一次体验 ICE 驰骋的快感，记得那一趟是从柏林到法兰克福，对于高品质的德国设计留下了良好的印象。2006 年一整个夏天的德国之行，我们前后买了三本德国火车联票 (German Rail Pass)，一共三十天，几乎把 ICE 当作城市地铁搭乘，让一列列高雅的 ICE，带着我们走遍德国版图上的每个角落，搭乘舒适，班次频繁，让我们的旅程与转运变得相当快速便捷，也借此体验各种不同型号的 ICE，让我们对于 ICE 的服务网络更清晰明了。

东西德统一前就开始高速列车的研发工作，借以快速连接德国一级城市之间的交通，1985 年发展出了 ICE 的原型车辆 ICE-V，也创下当时全世界高速列车的最高时速纪录——406.9 公里。ICE 的研发制造不全然是德国科技的结果，除了德国西门子公司的机电部分，世界上最知名的大型载具公司、加拿大的庞巴迪 (BOMBARDIER) 与法国的阿尔斯通 (ALSTOM) 也都有参与。欧美多款著名的火车多半都是这几家公司的合作产物，像法国的 TGV 与欧洲之星 (Eurostar)，英国维京 (Virgin) 火车公司的 Super Voyager、Midland Mainline 公司的 Meridian，瑞士国铁 (SBB) 的 ICN 列车，美国的 Acela Express，以及欧洲各国大部分的轻轨电车皆是。

● ICE 车种

德国火车就像德国车一样沉稳内敛，外形线条简洁，人体工学考量也佳，绝对经得起时间考验。第一代的 ICE-1 于 1991 年开始营运，极速每小时可达 328 公里，动力来自前后双车头，中间可加挂 10 至 12 节车厢。那一代的车厢内部最具德国工艺味道，坚固耐用的材料，有棱有角的设计，还有类似飞机座椅的个人荧幕，也有另辟体贴的吊衣与置物空间，车厢几乎有一半采用包厢设计，以最高级列车来定位，纯粹是旗舰形象的优先考量。ICE-1 总共生产 59 列，每一列都取了一个德国地名，同时跑国内线与国际线。

第二代 ICE-2 于 1996 年开始服役，动力较第一代略降，极速每小时 310 公里，一个动力车头搭配七个车厢为一个基本动力单元，也可组成两个动力车头加 14 个车厢的超长列车。外观与第一代类似，变革是第二代的车头除了动力之外，后半部约三分之二也可提供乘坐空间，取消了第一代车头部位特有的散热百叶，两者不难区分。取消了车厢内的个人电视与吊衣空间，包厢座位也减少，德国人终于也想多卖几个位置赚钱了。不过，该有的各类资源回收桶、耳机孔、行李空间仍保留。第二代共生产 44 列，每一列也都用德国地名来命名，仅作为国内线用途。

最大的变革，起于 2000 年的第三代 ICE-3，极速每小时 368 公里，最大的不同点在于将原本集中于车头的动力，平均分配至每节车厢底部。浑圆的车头设计更具现代感，也更为倾斜流线；现代感的内装，更为流线的饰板，更为明亮的空间色调，车厢前后显示时速的面板也改为科技感的多重镜面显示设计，包厢越来越少，座位越来越多。整体而言，第三代 ICE 仍旧表现出安静无声、平稳舒适的德国作风，总生产数量为 67 列，用作国内线以及往返荷兰、比利时等国际路线上。

ICE 1 | 柏林中央车站

为了让 ICE 服务更广泛的网络，另有一款 ICE-T，主要是为了适应一般铁道规格而设计的车种，因为 ICE 轨道所需的曲率半径较大，部分地区的路线无法重新铺设，像是连接德东大城德累斯顿与莱比锡等城市就是使用此车种。因为轨道因素，车速相对不高，极速仅每小时 253 公里，总共有 43 列同型车厢。

2001 年还有一款提供给没有高压线路使用的柴电车种 ICE-TD，速度就更慢了，极速仅有每小时 222 公里，每个单元仅有四个车厢，总生产数量为 20 列。

西门子继 ICE-3 之后推出了加强版 Velaro 列车，最高时速达 350 公里，开始在德国之外的国家运转上路。西班牙国铁（RENFE）在马德里与巴塞罗那之间即将上路的 Velaro E，可将两地 630 公里的行车时间减至 2 小时 25 分；荷兰国铁（NS）也订购了一批新列车，行驶于阿姆斯特丹与布鲁塞尔的 BeNeLux 路线上；俄罗斯则计划于 2009 年将 Velaro RUS 运转于莫斯科与圣彼得堡之间；中国大陆也计划将这款名为 CRH3 的高速列车运行于北京与天津之间。

德国高铁 ICE | www.db.de/site/hochgeschwindigkeit/de/ice/ice.html

● ICE 设计

搭乘 ICE 时，除了注目着速度表上不断攀升的时速之外，欣赏典雅的车厢设计与色彩搭配，是最常交叉比较的元素。尤其 ICE 的车身涂装，是德国国铁正式注册的智慧财产权，灰白色（色票中的 RAL 7035）的车身与一条红线（RAL 3020），黑色带状窗户，门上椭圆形的窗，都是它与 DB 其他等级车身不同的设计元素。ICE 这三个字母是用玛瑙灰（RAL 7038）与石英灰（RAL 7039）涂装，内装电镀部分也采用灰白色（RAL 7035），现在偶尔还可以看到第一代 ICE 淡青色的旧涂装，不过 2000 年经过 DB 全面的色彩计划，渐渐改装成第三代内装蓝紫色的模样，采用间接照明与木材。ICE 车厢外形一直以来都是由慕尼黑的工业设计公司 Alexander Neumeister 设计完成，而内装则是设计师 Jens Peters 与 BPR-Design 团队所担任，他特别将餐车车厢的空间挑高，并设计借助天光的采光叶片。

此外，车厢里的行李置放空间、个人可收餐桌、分类垃圾桶、残障厕所、行车电脑等等，以及哺乳空间、幼儿游戏空间、餐车、脚踏车架、大件行李架等等各方面的考量，都是贴心的、人性的优雅设计。

不过，提到 ICE 大家总不会忘记它曾经在 1998 年发生过一件严重的意外事故，时速 200 公里的列车，因为车轮故障，导致后方车身出轨，造成了高铁历史中最惨重的伤亡，也一直是 ICE 的阴影。

A｜ICE-T 的高级商务车厢，横排座位数仅三个，宽敞舒适　B｜ICE-3，法兰克福火车站
C｜ICE-3 每节车厢里的速度显示表　D｜ICE-3 与 ICE-T 的标准车厢内装
E｜ICE-1 经典的标准车厢内装，最具德国工艺味道　F｜ICE-3 与 T 的高科技镜面液晶显示
G｜车厢里"禁烟"与"保持安静"的设计图案　H｜ICE-3 加高设计的餐车，图为座位式的用餐区

A | ICE 外观涂装是 DB 正式注册的智慧
财产权设计，灰白色车身、一条红线、
黑色带状窗户、门上椭圆形的窗，都是
它与众不同的设计元素
B | ICE-3 加高设计的餐车，图为吧台式
的用餐区
C | ICE 南来北往的路线分布，让游历
德国变得更为便捷

A

B

C

大人小孩的铁道梦 | Märklin

许多人的成长过程中，或多或少都有个铁道梦，真实的铁道也好，让人在橱窗前流连忘返的缩小版铁道模型也罢，相较于其他运输工具，铁道对于普罗大众总有着一股难以言喻的魅力，因为它代表记忆的串联、怀旧的情怀，也代表人与人之间送往迎来的喜怒哀乐。现实生活中，往往无法满足人们想要全数拥有这些情怀的可能，因此就产生了这些令人爱不释手的逼真铁道模型，不分世代地占据了大人小孩的心。

说到铁道模型，最快联想到的应该就是享誉全球的德国品牌马克林（Märklin）。20 世纪初以来，马克林可谓铁道模型的代名词，也是"非常德国"的高级玩具，不过，将马克林归类为"玩具"可能有点失敬。当初由锡匠特奥多尔·弗里德里希·威廉·马克林（Theodor Friedrich Wilhelm Märklin）于 1859 年在德国西南部格平根（Göppingen）所创立的玩具品牌，从专门制作马口铁材质的娃娃屋配件起家，经过一连串的整合与转型以及两次世界大战的考验，传统工艺与当代科技已经完美结合，虽然定义为玩具，不过这可是具收藏价值的高级玩具，甚至需有经济能力的大人才玩得起的顶级玩具。

● 极致工艺

马克林最知名也销售最好的轨道系统，是 1935 年就已开始的 HO 轨道系统，缩小比例为 1：87，1972 年之后则有展现其高精密制作水准的 Z 轨道系统，缩小比例为 1：220，此外还有缩小比例为 1：32 的大尺寸 MAXI/1 轨道系统。20 世纪初虽有不少厂商也生产发条动力的铁道模型与轨道系统，而马克林特殊之处就是率先将轨道系统工业化、规格化、标准化，而让它领先同业。早在 1925 年就已发展出与现在相去不远的 20 伏特电力驱动铁道模型系统，1935 年具高度整合性的 HO 轨也沿用至今。如同德国车，马克林铁道模型对于精致度与耐用度也极其讲究，每个产品都具收藏价值，也都可以接受上千小时的持续运转。

除了成千上万、各形各色的火车模型之外，举凡你想得到的、想不到的铁道周边设施与配件也一应俱全，铁道该有的基础设施，如车站、桥梁、扇形车库、仓库、周边建筑、车辆、人、不同长度与曲率半径的轨道元件，也有高科技的中央控制台与铁道管理系统软体等操控元件，满足了玩家们天马行空的铁道操控欲。马克林也固定发行精美的型录、期刊、专书，让铁道模型玩家目不暇接，更有许多国际会员组织，用以交流讨论。

©Gebr. Märklin & Cie. GmbH

©Gebr. Märklin & Cie. GmbH

A

B

设计考究、生产程序复杂的马克林，从专门寻找原始火车蓝图的特殊部门开始，就是高品质的表现，举凡所有存在与曾经存在的火车型号，马克林总有办法找出原始设计图，要求精准的德国人，绝不允许仅从量测或是几张照片就开始生产缩小模型，取得原始设计蓝图才是最精准的方法。接着，经过初模铸造、试运转、层层电镀与烤漆、细部人工涂装与组装、德国极为严苛的品管成本等等，都是让马克林价值不菲的原因。

因为马克林精巧的尺度，巨细靡遗的细部，让它依然维持相当比例的手工制程，无法用机器取代；而塑胶材质当道的玩具市场中，它仍坚持可以用金属的部分绝不使用塑料，让产品的重量感与高质感兼具，也增加产品的保值性与耐久性。

● 百年传统工艺易主

然而，如此高贵的德国传统工艺设计，在 2006 年已经被英国 Kingsbridge 投资公司收购，虽然家族股东难以割舍祖传产业，迟迟不肯出让，最后为了挽救面临财务危机的公司，还是宣布这个德国模型火车百年传统企业马克林正式易主。随着时代改变，电玩与数位时代来临，传统玩具对于青少年的吸引力已大不如前，耐心架设火车模型或是建造相关景物，可能还不如与朋友一起玩 Wii，加上产品售价过高，许多家庭无法负担，许多火车迷转而到二手市场寻宝，种种原因，让火车模型的市场日渐缩小，造成马克林年年亏损，甚至裁撤了格平根总厂的 420 名员工。现在只能期望新主人真能找到挽救传统企业的新模式。

尽管负担不起，在汉诺威的马克林专卖店中，我们看着橱窗中精致的铁道模型，走进店里看着一柜又一柜的铁道模型原件，想着它一丝不苟的制作过程，编织起自己的铁道梦，也未尝不是一种享受。在德国，除了专卖店可以一见芳踪，德国国铁（DB）的许多车站大厅中，常可见到马克林铁道模型，主角当然是以 DB 车种为主，是旅客在等车时的一大享受，下次到德国，不妨留意一下。

Märklin | www.maerklin.de

C

D

A ｜设计考究、生产程序复杂的马克林火车模型，是德国工艺高品质的表现

B ｜不仅火车模型精致，就连型录也颇具收藏价值，火车迷可订阅定期发行的马克林杂志，内容包罗万象

C ｜数码时代的冲击，架设火车模型对于青少年的吸引力大不如前，产品又售价过高，许多家庭无法负担，的确让火车模型的市场日渐缩小

D ｜火车模型也记录了铁道历史，所有存在与曾经存在的火车型号，马克林总有办法找出原始设计图来制作

E ｜马克林是传统德国工艺与当代科技的完美结合，成为精致铁道模型的代名词，也是个颇具收藏价值的顶级玩具，除了形形色色的火车模型，各种铁道周边设施也一应俱全

E

©玩具公会熊文金组长

相机中的经典 | 莱卡

为了参观莱卡（Leica）相机工厂，早在一个多月前就去信预约，因为英文导览团有限，一定得配合他们的时间。莱卡所在的索尔姆斯（Solms）是个交通极不便的小镇，从卡塞尔出发的我们，换了好几班车才顺利抵达。

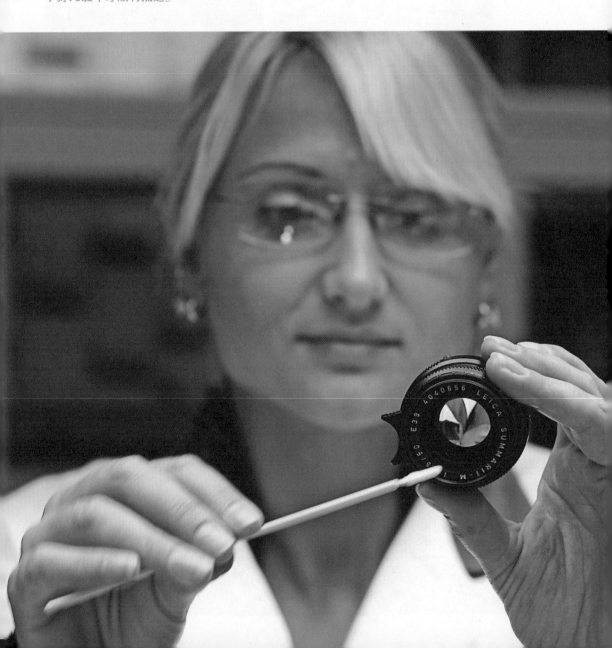

全世界共有八家莱卡艺廊，分别在纽约、东京、布拉格、
法兰克福、墨尔本、圣保罗、维也纳与伊斯坦布尔

● 小镇里的工厂

搭上 ICE 来到吉森（Gießen），继续转车来到莱卡的创始地韦茨拉尔（Wetzlar），等待 9：33 的列车，还很谨慎去问了售票窗口，说是在第四月台，结果 9：31 来了一列车，也没看清楚月台上的荧幕显示，就上了车，时刻表上写着 9：41 就会抵达，结果火车快速通过了索尔姆斯，怎么没停呢？一直到了 9：50 才停靠下一站，原来，我们搭错车了。这也告诉我们，在德国搭火车，是要分秒计较的。

眼看着 10 点整的解说团就要开始，搭上 9：59 的慢车往回坐了四站，在无人招呼站索尔姆斯下车，完全没有公车或计程车，这几乎不能算是个小镇，应该只是个僻静的村庄，完全没有商店，只有院落很大的住宅。

顶着大太阳终于走到了工厂大门前，让我们很讶异的是尊贵的莱卡相机竟是在这些铁皮屋式的建筑中制造出来的，甚至厂房的铁门与围篱都有点历史的痕迹，这儿真是莱卡工厂吗？

足足迟到了 40 分钟的我们，非常不好意思地去柜台报到，服务人员非常客气地帮我们挂衣服、放包包，一位六十多岁的德国先生正在柜台旁招呼另外四位西班牙人，原来他真的还在等我们，当场很困窘，请大家原谅我们搭错车了。西班牙人是两对五十多岁的夫妻，仅一位通英文，还得靠他再翻译成西文给同伴，其中一对穿着全黑，另外一对穿着红上衣与黑皮裤，还戴了橘黄色领巾，原来刚刚停车场上两部宝马重型机车就是他们的，从西班牙一路骑车旅行。

导览从门口的莱卡艺廊（Leica Gallery）开始，艺廊一开始是 1976 年设置在韦茨拉尔原厂，后来跟着相机部门搬迁至此，全世界另有八家莱卡艺廊，分别在纽约、东京、布拉格、法兰克福、墨尔本、圣保罗、维也纳与伊斯坦布尔，我们曾经在布拉格城堡里参观过另外一家。不过，眼前工厂里的艺廊，照片量与规模似乎不及布拉格的精彩，不过气氛倒是营造得不错。

进入工厂的生产线之后，老先生很仔细地从镜片镀膜开始介绍，镜头的层次感、组装程序、材质应用等等，巨细靡遗地解说，一面还搭配墙上几幅放大影像来佐证，强调莱卡制的镜头是如何的神奇。

小小的、暗暗的、完全没有任何装饰的参观走道上，右边的白墙凹凹凸凸，挂了几幅摄影作品，还有几柜辅助解说品、镜头分解的物件与图示，走道左边就是隔着玻璃的工厂内部，里面员工不多，一个个慢条斯理的磨镜片，老先生还特别补充这机器一天只能磨一片镜片，以确保品质，现场每名员工都穿戴着白袍与白帽，像是在无菌实验室里进行实验般，连光头先生也要戴。

这样的生产制程，也难怪一个镜头需要如此高昂的售价，只是这样的工厂规模，真能供应全球的市场？在数码时代的今天，日本相机较银盐时代更为强势，莱卡还是依然坚持传统，不知公司的营运是否已调整好应变之道？不过，解说过程中，德国先生对于数码相机仍是嗤之以鼻，完全不畏现实的商业机制。

一个多小时的精彩解说，完全免费，这是莱卡形象的服务品质。解说员知道我们来自台湾地区，特别提到最近有对台湾地区夫妻，蜜月时来这里定做了两台 M 系列纪念款，还特别刻上了两人姓名作为爱的见证。

原本以为工厂里应该会有一个商店，除了卖相机，还会有一些特殊纪念品，满足我无法拥有莱卡的小小虚荣。不过，固执的莱卡，真的非常坚持，它不想要这么商业，商店里只展示着一台比一台昂贵的相机、镜头与望远镜，问题是，这些东西也不比市面上齐全。而特别从办公室里出来招呼的年轻男员工很客气，我们问他红色小点点的别针有卖吗？他马上打开橱柜，拿了两个送给我们。

工厂里只有商店与莱卡历代相机展示橱窗可以拍摄，我们拿着两台"敌机"Canon DSLR 猛按快门，解说老先生似乎很不以为然地瞄了我们一眼。现场提供

A | 数码相机市场的快速崛
起,日本相机取得绝对优势,
德国光学品牌该如何应对

B | 莱卡望远镜与参观工厂
时获赠的小别针

C | 莱卡工厂里展示的巨型
相机模型,相机镜头上仍保
有 Leica 最初始的名字 Leitz
Wetzlar

D | 莱卡工厂里,展示了莱
卡相机的发展史,每一部划
时代的传统相机,都能在这
里见到

D

许多设计印刷精致的专业型录与书籍，每一本都像是艺术书籍般的创作，只为了传达意境，不是为了商业手法，我们坐在椅子上翻阅，等着外头突如其来的大雨停歇。刚刚从中途加入的一对从法国斯特拉斯堡（Strasbourg）来的夫妻，听完解说后，马上在现场订了一台 M6，问题是工厂里还缺货，那要跟谁调货呢？

柜台人员看到我们坐在一旁等雨停，还端了两杯热咖啡来，坐在莱卡工厂里喝咖啡、翻型录，算是圆了一场小小的莱卡梦。如丝般的快门声，每个摄影人心中的梦，总算在今天实现了。

● 关于莱卡

机身上带着"小红点"的相机品牌，可比拟为相机中的劳斯莱斯，不仅实用、高品质，更具收藏价值，是将相机与光学升华为艺术的最佳典范。莱卡早期与蔡司光学的发展背景类似，1849 年开始于德国西部的韦茨拉尔，以制作显微镜起家，生产相机之前，1907 年开始制作双筒望远镜，至今仍拥有许多望远镜设计的光学专利。100 年后的今天，高品质的莱卡望远镜，仍是许多专业

人士的首选，尤其数码摄影普及后，相机事业不若以往，望远镜成了目前莱卡相机公司平衡获利的主要来源之一。

莱卡对于近代摄影的重大影响，应该从 1913 年研发出人类史上第一台 35mm 相机 Ur-Leica 说起。工程师奥斯卡·巴纳克（Oskar Barnack）认为传统大片幅相机庞大笨重且操作不便，让拍摄题材过于制式无创意，他思索着是否可能实现"小底片、大影像"的理念。于是他将当时电影工业的 18mm×24mm 的底片规格倍增，便成了现今仍是标准规格的 24mm×36mm，制定了 3：2 的底片长宽比，也制定了一卷底片 36 张的工业规格。然而，Ur-Leica 却等到 1925 年"一战"结束后，才真正在莱比锡发表，这款小巧与高影像品质的相机，对于摄影界是一大震撼，前景可期的市场也刺激了同是德国光学大厂的蔡司，于 1932 年创立

了 Contax 品牌，同样生产 35mm 相机与莱卡相抗衡。

奥斯卡·巴纳克的创举对于 20 世纪的摄影起了革命性的影响，摄影者不再需要大脚架与繁复操作，可以在不惊动被摄者的情况下，深入事件中心，取得当下最真实、最自然的影像，而不是以往慢条斯理的架脚架、长时间曝光、摆出静态制式动作的摄影模式。这个发明对于日后的报道摄影与纪录摄影影响深远，也改变了摄影者与被摄者之间的微妙关系，更让摄影找到了更深一层的意涵。

除了相机规格的贡献，在光学技术上，莱卡首先将非球面技术、多层膜技术、超大光圈镜头、特殊高折射玻璃等技术，运用于镜头制作上。1954 年发表了连动测距式相机（Rangefinder）的里程碑 M3，1965 年发表了第一台单镜反光式相机（SLR）LEICAFLEX，1976 年发表了 R 系列的开山祖师 R3。之后则有 M 系列与 R 系列的后续机种上市。进入数码时代之后，2005 年发表了可以串联并延续传统相机精神的数码机背 Digital-Modul-R，2006 年发表了连动测距式相机的数码版本 M8，让莱卡不着痕迹地从银盐进化到数码。

从莱卡制定了 35mm 相机的工业规格之后，虽然各种大小片幅的相机曾同时存在，不过历经时间考验，24mm×36mm 仍是目前摄影工业最普及的规格，也继续沿用到数码摄影中，现今数码单镜反光式相机（DSLR）的片幅、镜头设计、焦距计算，还是以 24mm×36mm 片幅为基准，与其相同面积的即是所谓的"全片幅"机种。

莱卡对于材料的选择与品质的坚持未曾改变，能用玻璃与金属的部分，绝对不用易变质的塑料，连标示镜头与机身接合位置的小红点，也使用红色玻璃，莱卡品质就是这样而来。机身设计上也采取德国一贯的现代风格，属于渐进式的沿革，而非如日本相机的跳跃式变革，一贯的银黑厚重金属质感，带着包豪斯简洁明了的设计风格，莱卡设计坚持传统，使用者从外观上，一时难以察觉 50 年前的 M3 与刚刚发表的数码 M8 有何明显区别，所有按钮配置都如此熟悉，变化的只是传统的底片备忘槽换成了液晶屏幕。

世界上许多相机都是以莱卡为模仿对象，包括早期的日本光学大厂佳能（Canon），莱卡的光学品质甚至成了一种神话般的迷思，尤其在相机镜头的表现上，有此一说，行家们可以在一堆照片中一眼即辨识出莱卡拍摄的作品。不管真实与否，莱卡在现代光学中的崇高地位绝对毋庸置疑，它也是目前世界上探讨当代相机的书籍中被讨论最多的品牌。

1986 年，Leitz 正式更名为现在大家熟知的 Leica，取自 Leitz Camera 的缩写，镜头上标示的字样也从"Leitz Wetzlar"变成"Leica"，生产相机的工厂也由韦茨拉尔移到附近的小镇索尔姆斯。1996 年，莱卡相机公司正式脱离莱卡集团，专营相机、望远镜、幻灯机等产品，原有的莱卡集团再分割成莱卡显微影像（Leica Microsystems）与莱卡地理系统（Leica Geosystems）两家公司。

数码设计当道的年代，可以在短时间内设计出一个趋于合理值的镜头，但是一个真正好的镜头，还是得靠长年累月的经验累积与光学传统，镜头设计是一种艺术，是一种创意，是一种直觉，这点仍是目前莱卡公司的设计准则，就连竞争对手的日本，也将其光学设计的精神与坚持奉为圭臬。

近年来的数码影像市场，日本相机快速取得绝对优势，数码时代不仅要求优良的光学技术，也需要影像处理器与感光元件等关键技术，这几年，镜头供应商的角色成为德国光学大厂重要的获利来源，莱卡与松下合作，蔡司提供索尼镜头，加上原本高不可攀的售价，着实让莱卡相机的市场占有率大受影响，不过好东西不寂寞，相信小红点传奇在光学迷心中的地位还是依旧。

莱卡提供定制化服务，在工厂商店里，消费者能定制自己独特的机身材质与颜色

Leica | www.leica-camera.de

德意志光学代名词 | 蔡司

德国光学享誉国际，现今许多光学设计与光学材料都来自德国的发明。而德国的光学品牌，除了莱卡之外，另一个与之相提并论的就是蔡司光学（Carl Zeiss）。

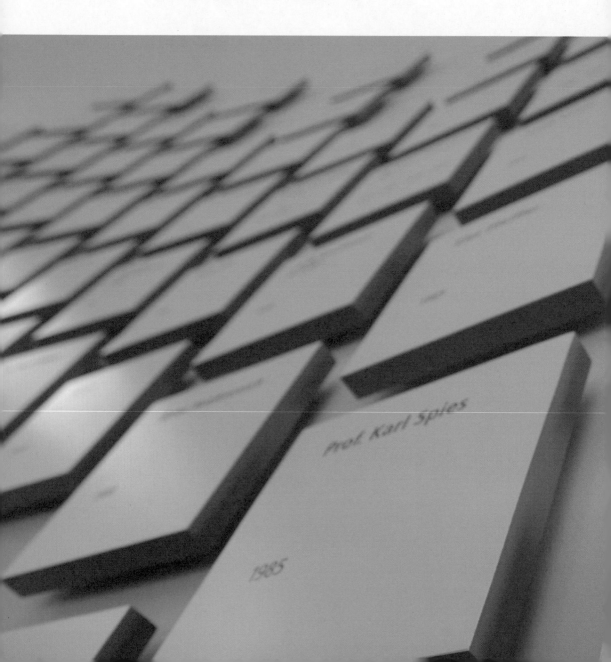

● 蔡司历史沿革

　　蔡司光学已超过 160 年历史，魏玛（Weimar）出生的光学家卡尔·蔡司（Carl Zeiss，1816—1888），于 1846 年在德东的耶拿（Jena）创立，以制造显微镜起家，也以高超的显微镜制作技术与品质享誉国际。现代许多显微镜的重要科技与专利都由蔡司光学所研发，蔡司显微镜史就如同人类显微镜的发展史，每个重要里程碑都影响后世甚巨。

　　卡尔·蔡司当年的研发、投资，以及对于研发人才的器重，是这个研发国度的最佳缩影。蔡司光学与显微镜技术，更造就了许多诺贝尔奖得主，对于人类在医学、材料、生物等领域的重大发现有卓越贡献。例如物理学家阿贝（Dr. Ernst Abbe）在 1873 年计算出对于显微镜光学影响深远的阿贝正弦条件，让显微镜制造有了理论上的依据；年轻玻璃化学家奥托·肖特（Otto Schott）对于光学玻璃材料的革新，让蔡司在 1886 年就已研发出沿用至今的 APO（复消色差）材料与技术。

　　"二战"之后，蔡司也逃不过东西德分离的政治牵连，蔡司光学被美国与苏联的政治势力强迫一分为二，美国支持的西德蔡司（Carl Zeiss AG）于 1946 年移往德西上科亨（Oberkochen）继续生产；而被苏联霸占的东德蔡司（Carl Zeiss GmbH）则继续在耶拿生产。当时位在耶拿蔡司总部的重要机具，大量被苏联强行解体后运至现在的乌克兰，成立基辅光学（Kiev Camera Works），用以生产低品质的光学器材以及仿莱卡与蔡司的相机。

　　东西德蔡司从一开始的保留合作关系，随着时间演变，经营方向渐行渐远，东德蔡司着重 35mm 相机镜头，尤其是超广角镜头的研发，西德蔡司则偏向中型与大型相机镜头研发。现代的蔡司则是由 Carl Zeiss AG 领导。

A｜ClassiC 20X60S 型专业望远镜，20 倍的放大倍率和机械图像稳定功能，最适用野地观察自然世界
B｜Victory FL 型光学望远镜，采用含氟离子玻璃，观察到的图像鲜艳、逼真
C｜Discop 观测望远镜，构造牢固与超强的机械性能集于一体的顶级光学望远镜，具有最佳成像品质和极高的细节辨识力
D｜Carl Zeiss 专为 Sony DSLR 所设计的经典平像场大光圈镜头：Planar T* 85mm f/1.4 ZA，镜头的质感与设计带有浓厚的德国味
E｜Carl Zeiss 为 APS-C 规格的 Sony DSLR 所打造的多用途变焦镜头：Vario-Sonnar T* 16-80mm f/3.5-4.5 ZA
F｜Carl Zeiss 专为 Sony Alpha 接环所设计的大光圈望远镜头：Sonnar T* 135mm f/1.8 ZA 德式质感与重量感十足

● 相机与镜头

在相机与摄影镜头方面，蔡司也为当代光学设计立下许多标杆，例如蔡司的物理学家鲁道夫（Paul Rudolph）于 1902 年所设计的 Tessar 光学模组；用于大光圈中距离望远镜头的 Sonnar 光学模组；改良自德国数学家高斯（Carl Friedrich Gauss，1777—1855）的双高斯理论所设计的 Planar 模组，普遍用于大光圈镜头设计上，达到几乎不变形的平像场；还有超广角镜头的 Distagon 模组与广角镜头的 Biogon 光学模组；超望远镜头上的复消色差设计 Superachromat 等等，都是摄影爱好者耳熟能详且津津乐道的，其光学设计至今依然普遍沿用于各大厂牌的大光圈标准镜与短距离望远镜中。

随着 20 世纪初相机的逐渐普遍，蔡司也于德累斯顿创立 Contax 品牌，目的就是要对抗当时由 Leitz（后来的 Leica）首创的 35mm 轻便型相机市场。Contax 随即于 1932 年发表首部相机 Contax I，从此 Contax 与 Leica 这两个德国品牌就一起竞逐，也一起建立高知名度，当时的日本相机尚在起步阶段，尼康初期的相机即是以 Contax I 为模仿对象。

此外，"二战"前，蔡司就已发展出抗反射的镜头镀膜技术，大幅改善镜片的透光度与抗曜光 (flare) 能力，蔡司镜头上的红色 T 字样，就是指透明度（Transparency）的意思，后来的镜头字样演变成 T*（T-Star），即多层镀膜的意思。蔡司摄影镜头的获利，主要来自授权其他相机制造厂使用它的设计与名号，如柯达（Kodak）、哈苏（Hasselblad）、禄莱（Rollei）、仙娜（Sinar）与诺基亚（Nokia）手机等，都使用蔡司镜头，当然也包含电影工业的镜头，还多次获得奥斯卡金像奖的科学与工程奖项。

西德蔡司于 1973 年与日本相机品牌 Yashica 达成协定，让日本得以使用 Contax 品牌与 Zeiss 镜头的名号生产，并于 1975 年推出首部由日本制造的单眼相机 Contax RTS，一直到 2005 年结束相机生产为止。

到了日本光学为主流的数码时代，蔡司为求转型生存，积极寻求日本合作伙伴，与日本的索尼合作；更为了拓展市场，蔡司也授权日本 Cosina 生产手动蔡司镜头，提供其他日本厂牌相机使用。蔡司最近推出两款复刻版的 Zeiss Ikon Rangefinder 相机与一系列 ZM 接环镜头，让许多摄影收藏家趋之若鹜。

Carl Zeiss AG |
www.zeiss.de

工厂变乐园｜大众沃尔夫斯堡汽车城

汽车，在现代社会中已属民生必需品，设计与制造品质越来越精良，而消费者越来越聪明，越来越会比较，也要求越来越多，但是，却出现了品牌忠诚度越来越差的趋势。因此，各大汽车品牌无所不用其极，企图巩固自身的品牌形象。汽车就如同时尚产品，是现代人外显的工具，除了是保护壳，也是流行品味的一部分，在流行时尚精品纷纷请建筑大师设计旗舰店建筑的同时，汽车制造业也开始委托世界级建筑大师为其量身打造足以代表品牌形象的建筑。

A

A｜汽车博物馆 ZeitHaus，建筑立面明显区分为两边，一边是通透的全玻璃空间，代表理性，而另一边金属墙面的遮蔽空间，代表感性
B｜汽车博物馆里代表理性的通透全玻璃空间，展示来自各大汽车品牌历史性车种

B

　　汽车制造业意识到，用建筑来表述企业形象已经成为必需，包含总部大楼、博物馆、汽车主题乐园等建筑体，以永续的角度来看，这些投资远比一间展示室、一大片广告墙、一本型录的能见度与注目度更高。此外，汽车各方面的技术日臻成熟，消费者在购买汽车时，不仅关注实用功能与性能，设计哲学、品牌形象以及企业对于环保与文化的参与，往往占了消费动机中重要的考量。企业形塑出来的社会价值、美学价值与经济价值，让产品逐渐高级化、精品化，强调自己"不只是"制造汽车。

　　买车的行为在市场已饱和的国家中，已然变成一种情绪性的信仰，就连被认为理性至上的德国，大部分人买车时，也认为情绪上与品牌认知上才是关键，甚至凌驾背后的科技层面。买车不只是简单的买车，也是一种价值观与生活观的呈现。消费者会多方考量汽车公司的环保形象，是否具家庭观念？有文化与艺术涵养吗？够时尚、有设计感吗？等等。

　　汽车精品化的过程，要如何将汽车品牌成功转化为建筑的形式，汽车厂的建筑不能只是一个简单的空壳，它必须包含人、制程、研发等动态因子，一方面要达到抢眼的广告形象，一方面也要让建筑是个好的"基座"角色，不能过分抢夺品牌风采，其中的关系非常微妙，也非常具挑战性。

　　再者，汽车品牌也积极投入汽车之外的时尚设计市场，例如德国厂牌的梅塞德斯－奔驰、宝马、保时捷、奥迪等逐渐开拓出时尚品牌，让消费者离开车子之后，继续穿戴这些品牌，也继续帮企业品牌打广告，甚至变成一种设计的保证。甚至涉足工业设计、建筑与室内设计的领域，像是1972 年成立的"Porsche Design"就是一个例子，已经由汽车厂赞助的角色，变成独当一面也能营收的国际设计公司。

　　有机会造访德国，安排几趟汽车厂之旅，已经是旅行中重要的行程，沃尔夫斯堡（Wolfsburg）与德累斯顿的大众汽车城、斯图加特（Stuttgart）的奔驰汽车博物馆与保时捷汽车博物馆、慕尼黑的宝马汽车博物馆等等，皆是完美结合汽车与建筑的设计之旅。

两座 20 层楼高的圆柱形玻璃停车塔

A

●大众汽车城

位于沃尔夫斯堡的大众汽车城（VW Autostadt）与德累斯顿的透明汽车工厂（Glaeserne Manufaktur），皆是建筑师京特·亨（Gunter Henn）与他位于慕尼黑的 Henn Architekten 事务所的作品。

沃尔夫斯堡是德国大众汽车的大本营，大众汽车城的经营模式是 1994 年提出的，经过六年的规划与兴建，占地 25 公顷，包含 14 个大小主题馆、五星级旅馆、展售中心、游客中心、车主服务中心、仓储等复合功能的汽车乐园，在 2000 年汉诺威万国博览会期间开幕。它兼具教育、休闲、娱乐的多重功能，也兼具车辆展示与贩售服务，为汽车文化的再定义与另类购车体验开启新页，也使大众在可靠与耐久的工业形象外，增加了感性成分。

大众是欧洲最大的汽车集团，陆续并购整合其他汽车品牌后，企图借由专属的汽车乐园，巩固原本的品牌形象，也借由〝柔性销售〞的策略，让消费者更忠诚于大众品牌，真正如大众的名号〝人民的汽车〞。

园区最初设定每年 150 万人次游客量，包括 75 万购车人数在内。消费者可以在各地订车，然后亲自到沃尔夫斯堡取车，经销商会帮你打点好火车票与接待人员，免费参观汽车乐园与工厂，据说连你的随身行李也会在取车时，自动出现在新车的行李箱中，车主经过欢乐的一天，即可开心地把车开回家。

车主也可以参观新车在生产线上的制程，由地下输送带运送至汽车塔，再运到展售中心交车，有别于一般的交车

B

C

体验。事实证明，有九成的车主非常满意这项服务，取车也变成家庭的欢乐时光，日后也会不定时回流，对于巩固品牌忠诚度大有帮助。如果购买的是旗舰车种Phantom，也会安排至德累斯顿的全透明玻璃工厂取车，那更是尊贵等级的安排。

　　广大的园区过去是仓储，基地开发按照都市开发的规模来操作。我们乘着ICE来到沃尔夫斯堡车站，经过知名女建筑师扎哈·哈迪德所设计、新颖未来的费诺科学中心（Phæno），走上连通的天桥，跨越宽广的运河与铁道，可以看到无边际的大众汽车厂房与几根大型烟囱。走下去就是园区的主入口，挑高20米的迎宾大厅兼具

游客中心与玄关的功能，金属与玻璃交叠的建筑，在通透的空间中有颗巨大的镂空球体高挂，这个缓冲空间巧妙地将东西两翼的五星级旅馆（Ritz-Carlton）与多媒体展示空间隔开，是游客动线的起点也是终点，游客在这里买好票，换得一张磁卡，可在一天之内自由进出。

　　进入西翼的多媒体展示室，空间以线条与色块表现，红、蓝、黄三原色鲜明的量体悬挂其中，这里有新车车主服务空间、立体电影院、互动式多媒体中心，以及小朋友玩耍的空间与轨道车，我们搭上又高又长的手扶梯直达顶部，这里是个概念性的设计展览，关于汽车的塑模、逻辑设计、外观设计、操作界面设计等等，每位参与的设计师都非常年轻。

A ｜多媒体展示室的空间以线条与色块表现
B ｜园区里提供缩小版甲壳虫敞篷车给小朋友驾驶，上一堂交通规则的课程，拿到执照之后，即可拿到钥匙上路
C ｜迎宾大厅是金属与玻璃交叠而成的建筑，在通透的空间中有颗巨大的镂空球体高挂

园区里规划了许多绿地与生态池，营造工业与环境共生共存的环保形象

汽车博物馆另一边金属墙面的遮蔽空间，采用人造光源，代表的是感性的文化层面，提供艺术形态的主题展览

出了多媒体中心后，出现了两排色彩缤纷的缩小版甲壳虫敞篷车，可惜大人不能使用，那是给小朋友玩的。他们还得上一堂交通规则的课程，拿到执照之后，才能拿到钥匙上路，当然，园区也有实体车让成人试驾。

接着，就是汽车博物馆（ZeitHaus），建筑立面明显区分为代表理性的全玻璃通透空间，里头展示的是来自各大汽车品牌的历史性车种；而另一边金属墙面的遮蔽空间，采用人造光源，代表的是感性的文化层面，提供艺术形态的主题展览。

参观完博物馆之后，随即进入园区的小型建筑群，也就是大众集团各个厂牌的专属展览馆，包括了酷炫的大众汽车馆（VW）、高档的宾利（BENTLEY）、有 Q7 可以试坐的奥迪馆、东欧风味十足的斯柯达（SKODA）馆、以艺术展览作为诉求的西亚特馆（SEAT）、冷光魔幻的兰博基尼馆（Lamborghini）等。建筑师依据各厂牌的主体概念与厂牌精神来设计建筑造型，每栋建筑除了要表达各厂牌的鲜明印象，更要兼顾园区的整体感。每个馆也会不定期更换展览主题，像是大众汽车馆里有个 Project Fox 特展，打扮成有趣造型的 VW Fox 车子，便是由大众汽车赞助的艺术活动，邀集艺术家以 VW Fox 车为创作题材，这个计划也沿用到丹麦哥本哈根一家名为 Hotel Fox 的旅馆，由大众汽车赞助，邀请艺术家创作出一个个风格迥异的房间，非常受欢迎。

充满科技感的金属与玻璃之外，为了展现其环境友

B

善的绿色形象，大众汽车也规划许多绿地与生态池，访客还可以在旁观赏池边的苍鹭与草地上的兔子，塑造工业与环境共生共存的环保形象。

最后，来到园区东北方两座 20 层楼高的圆柱形玻璃停车塔，塔里停满各种色彩鲜明的车款。一旁就是展售中心，里头像个大型汽车卖场，展示最新款的各型车辆，访客可以自由参观试坐，车主也在此提车，同时提供纪念品商店与咖啡馆等休憩空间。

在炎热的夏天，走完十几栋各自独立的园区建筑，真不是明智的决定，还是建议春秋来访比较恰当。从建筑的角度来看，园区的建筑与设计、室内展场的设计、色块、动线、建材、品质都颇具水准；但作为一个汽车乐园的展览软体与设计，似乎没有发挥园区空间规划初衷的最大功能，另外，纪念商品不仅多数是品质低廉的制品，且售价昂贵。而维护广大园区的营运成本颇高，也让一张学生票要价 12 欧元，竟是奔驰汽车博物馆的三倍，这些都是实际体验之后的忠实感受。

走出汽车城，如果时间允许，可以顺道走访这个工人阶层味道浓厚的沃尔夫斯堡市中心，这里可是经过了扎哈·哈迪德（Zaha Hadid）、阿尔瓦·阿尔托（Alvar Aalto）、汉斯·沙龙（Hans Scharoun）等建筑大师的加持。

A | 奥迪主题馆
B | 汽车博物馆里的展示车种

A

C

D

C.D｜大众主题馆里的 Project Fox 特展，
是大众赞助的活动，邀集艺术家以 VW
Fox 汽车为创作对象，这个计划也沿用到
丹麦哥本哈根一家名为 Hotel Fox 的旅馆
E｜斯柯达主题馆
F｜西亚特主题馆

E

F

德累斯顿的玻璃工厂，以生产最顶级的旗舰车种 Phantom 系列为主，访客可以参观汽车生产过程

● 德累斯顿厂

为了平衡东西德发展，统一之后的 2002 年，大众选择在拥有八百年历史的德累斯顿——一个人文荟萃的巴洛克城，兴建一座新工厂，专门生产集团中最高等级的 Phantom 系列。这个厂的取向与定位，当然与亲民的沃尔夫斯堡不同，走尊贵路线，服务不同阶层的客人。

我们从市区买了 1.7 欧元单程电车票，来到北郊的大众汽车厂，厂区建筑营造出豪华贵气的气氛，建筑内部空间也是，不巧碰上私人活动正在厂里举办，我们只能在接待处观望，在草地旁观看正在举办的露天酒会，无缘入内参观。

这座大众汽车玻璃厂，德文名为"Gläserne Manufaktur"，英文名为"Transparent Factory"，恰如其名，这个名字不只代表工厂建筑的材料是透明玻璃，也代表这座厂里的生产过程全部透明化，访客可以进入参观汽车组装过程，是难得的汽车体验。

大众沃尔夫斯堡 | www.autostadt.de
大众德累斯顿 |
www.glaesernemanufaktur.de

珍藏戴姆勒｜奔驰汽车博物馆

高涨的品牌意识，企业整体行销的多方考量，结合建筑大师兴建品牌博物馆的风潮，是当今的流行趋势，吸引了国际建筑旅游的朝圣者前来，对于品牌形象、经济效益、旅游收益都有相当正面的帮助。汽车王国当然也不例外，宝马委请扎哈·哈迪德操刀的莱比锡厂房（BMW Central Building），蓝天设计组（Coop Himmelb(l)au）的最新力作宝马旗舰级展示空间与全自动化仓储的 BMW Welt，大众在沃尔夫斯堡的汽车城与德累斯顿的玻璃厂房、德鲁根·迈斯尔（Delugan Meissl）在斯图加特即将完工的保时捷博物馆（Porsche Museum），另外，就是本篇所介绍的斯图加特奔驰汽车博物馆（Mercedes-Benz Museum）。

车站外指往博物馆方向的巨大白色箭头

斯图加特（Stuttgart），巴登符腾堡州 (Baden-Württemberg) 首府，热闹的商业街之外，城市周围另有几栋著名的建筑案例值得参观。像是詹姆斯·斯特林（James Stirling）的音乐学院（Neue Staatsgalerie），1927 年由 16 位建筑大师，诸如密斯·凡德罗、格罗皮乌斯、柯比意、沙龙、贝伦斯（Peter Behrens）等人共同完成的国际样式集合住宅 The Weissenhof Estate（原有 21 栋，战后只剩下 11 栋），刚完成的斯图加特艺术博物馆（Kunstmuseum Stuttgart），兴建中的保时捷汽车博物馆等等。而现在，最受瞩目的就是 2006 年随着世界杯开幕的奔驰汽车博物馆。

奔驰汽车早在 1936 年，50 周年纪念时已兴建一座博物馆，100 周年时重新整建。2006 年，120 周年纪念

时，身为汽车的发明者，奔驰发明了大部分现代汽车所使用的科技，也自豪奔驰汽车发展史就是人类汽车发展史，特地斥资 1 亿 5000 万欧元，委托荷兰知名的 UN Studio 设计一座全新的博物馆建筑，赶在世界杯开幕前，隆重展现于世人面前。

从斯图加特火车站转搭 S1 是最便捷的抵达方式，约八分钟即可在 Gottlieb-Daimler-Statdium 站下车，一出站即可看见很清楚的指标，大大的白色箭头雕塑指着博物馆的方向。新颖前卫的博物馆建筑就在足球场的另一头，右边不远处的斯图加特足球场，就是以奔驰创办人之一的戈特利布·戴姆勒（Gottlieb Daimler）命名，绕过球场左边，沿着 14 号高架道路底下走，还算近的步行距离。

领到自动语音导览机，挂在胸前戴好耳机，顺着汽车演进史的动线参观

● 参观动线

先在建筑外头绕上一大圈，从各个角度欣赏这栋科技感与动感兼具的建筑，门口阶梯前有个赛车与车手的青铜模型。循着几个白色箭头雕塑的指示，来到了入口处。

买了四欧元的学生票，又是个德国人体贴友善的例子，门票价格总是如此平易近人。用票卡感应入口，来到电梯前的柜台，领取自动语音导览机，挂在胸前，戴好耳机，进入象征时光机的胶囊电梯，直通八楼，开始这趟由上而下的奔驰汽车历史与建筑的精彩旅程。

从电梯里就开始有马蹄与马车的音效，数部外露式的电梯悬挂在墙上，其中三部装有投影机，以多媒体投影在三面水泥墙上，影像随着电梯上上下下移动着，忽隐忽现，让人像是进入时光隧道，是空间里一个有趣的元素。电梯一打开，出现一匹白马，旅程就从没有机械动力的马车时代开始。未来感十足的空间，配合外面自然天光泼洒，光影交错在清水混凝土上，形成了网格纹路。

自动语音导览机有灵敏的感应器，每走进一个空间，就会自动感应播放解说。参观动线设计丰富有趣，两条互相交错的斜坡道绕着建筑物边缘，灵感来自美国建筑大师莱特在纽约古根汉美术馆的单一斜坡道。这里则有两条参观动线可选，一条依着时间轴，展览一般车款；一条则是传奇式动线，展示着奔驰史上的经典传奇设计，非一般人可拥有的特别纪念车款。动线都从最顶层开始，也就是展示奔驰发明世界上第一部汽车的空间，依序而下。

参观旅程的尾声，来到了生产空间，高挂着未来车模型

A

● 建筑内外

　　奇妙的空间设计，让同一个连续面的墙，是楼板，是墙面，也是天花板，空间层层交叠。连接每个楼层的斜坡道上，巧妙地安插了一点都不枯燥的历史照片展，让奔驰汽车的历史与世界上发生的大事相互对应，如英国是第一个让女人享有投票权的国家、柏林墙倒塌等等，都让这些展览显得生动有趣，也让自身的地位显得更重要。

　　建筑外部立面呈现转子引擎（Rotary Engine，四行程内燃机的一种）瞬间凝结的意象，也可清楚看见内部两条主要参观动线相互交缠，水平线为有机曲线，而非传统垂直水平的楼层。建筑平面则由三叶草造型所组成，

也像是日式三角御饭团所交叠而成，八层楼平面最后围塑出一个 42 米高的三角形挑高空间。

　　参观者可以在不同的位置彼此遥望，清楚掌握整个博物馆的动静，借以刺激参观动机，也制造出空间趣味，让建筑与人之间产生互动，也有明确的方向性。这是一个复杂的空间，但却不会迷失，空间更是与结构巧妙地安排。大跨距的空间灵感来自现代主义大师密斯·凡德罗在新国家艺廊（Neue Nationalgalerie）的

B

设计手法；而建材从水磨石、镶木地板，到各种质感粗细的清水混凝土，则来自安藤忠雄的日式风格。

　　自然天光与人造光线的交错，也让展览变得有节奏，明亮的自然采光是属于依照时间轴的一般车种，而较昏暗的人造光源则是传奇性车款。让你从明亮空间转换到昏暗空间，一个个非凡的古董车、跑车、救援车、警车、货卡车、公车、名贵轿车、元首用车等所有奔驰车型，全都可以在这里一览无遗。

A｜博物馆内部空间层层交叠，站在每一层楼，皆能掌控其他楼层的变化
B｜参观动线有如进入时光隧道，起始处的一匹白马，代表人类交通工具从没有机械动力的马车时代开始

奔驰博物馆不仅可参观奔驰汽车的经典收藏，
欣赏建筑空间更是另一种收获

A

B

C

D

E

A｜博物馆内有个赛车场的空间，一旁有观众席看台，观赏这些模拟在赛车道上的汽车
B｜奔驰史上知名的车种"海鸥"
C｜奔驰品牌，德国工艺的极致表现
D｜这两部当年特制给日本天皇的高级座车，是奔驰汽车再度重资从日本买回
E｜纪念品专柜让访客们买得不亦乐乎，汽车模型、衣服、文具、玩具、书籍、DVD、CD等等，成了每个人都想拥有的精品，奔驰品牌的精品在世界各地都有专柜
F｜最后可以在咖啡馆，享受一份美味的下午茶，让参观行程画下完美的句点

● 复杂与趣味

奔驰汽车博物馆最成功之处，在于它让参观者忘记自己正在参观博物馆。除了建筑本身，博物馆规划设计专家默茨（HG Merz）的展场设计也功不可没，陈列方式让这些展品变成大家都想拥有的时尚精品，而非只是博物馆里的陈年旧物，完全摆脱传统博物馆俗套的展览方式，让建筑风采与汽车本身相互辉映。

现场不仅许多大朋友，也有好多小朋友前来参观，佩服他们能这么有耐心地走完全程，可见这样的展览方式也能吸引小朋友，大人小孩全都认真聆听解说，试玩

F

感应机器，按个钮，感应每一台车和每个展板，就能听到更进一步的解说。

展场空间变化多端，解说详尽，包含每部车的设计概念、设计历史、当时的社会背景、谁用了这部车……让人叹为观止。其中很多都是博物馆再次花钱买回的车，例如特别为日本天皇打造的高级座车。

出口位置交错的未来空间，高挂未来车的造型，我们在一旁的咖啡馆，使用也是斯图加特出产的WMF餐具，享受美味的下午茶，为这趟参观行程画下完美的句点。

从咖啡馆再下一层楼就是纪念品专柜，访客买得不亦乐乎，举凡汽车模型、衣服、文具、玩具、书籍、DVD、CD等等，都是让人想拥有的精品。商店旁就是高级餐厅，然后是奔驰车的展示室，喜欢刚刚参观的设计，你也可以马上拥有，果然是个完美的动线设计。

在欧陆旅行，博物馆空间是最常碰见的，而这里是第一次让我觉得博物馆也能这么多变有趣，不仅门票便宜，更可以背着背包自由参观，尽情拍照，也可以喝水，随时坐下来休息，每一层楼都有良好的服务设施与无障碍空间，现场看到许多坐轮椅的人，一样可以来去自如地行动。

绝不是对于奔驰品牌的崇尚，在这里，汽车工艺变成艺术品，将奔驰车的历史、精华、质感、形象、设计、精神、收藏全都完整收纳，不论软体硬体，都让人叹为观止。

Mercedes-Benz Museum｜
www.museum-mercedes-benz.com

书写之间 | 笔的艺术

同样一支铅笔、一支钢笔，握上一支设计精良的笔，触感不同，灵感也就不同，许多画家、文学家，非得使用某个品牌的笔来创作不可，也就是这个道理。德国的制笔厂，高品质的制作与设计，也是德国工艺的精髓。

● 辉柏嘉（Faber–Castell）

辉柏嘉 1761 年创立于德国纽伦堡（Nürnberg）附近的施泰因（Stein），至今已超过 245 年历史，品牌始终坚持传统与创新缺一不可，铅笔与色铅笔是其产品特色。GRIP 2001 的点点系列与 Jumbo GRIP 色铅系列，曾赢得多项设计大奖。

1761 年，法贝尔（Kaspar Faber）制造该品牌的第一支铅笔。1840 年，洛塔尔（Lothar von Faber）以他的名字命名铅笔，制定了现今仍使用的铅笔标准规格，例如长度、直径、铅硬度等级。铅笔在当时虽不是原创，但它让铅笔成为有品质的产品，也成为世界上第一个书写工具的厂牌。1849 年开始，分别在纽约、伦敦、巴黎等地开设海外分公司。1898 年，奥蒂莉（Baroness Ottilie von Faber）和康特·亚历山大（Count Alexander zu

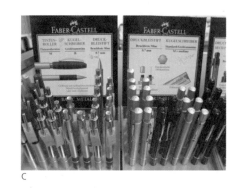

C

A ｜ Faber-Castell 经典的 Castell 9000
B ｜ Faber-Castell 色铅笔
C ｜ Faber-Castell 品牌整体设计的展售柜

A

B

Castell-Rüdenhausen）结婚，婚后，公司正式改名为辉柏嘉，沿用至今。

1905 年，最经典的 Castell 9000 铅笔推出，获得全世界市场的成功。1928 年，取得巴西制造铅笔与色铅笔最大工厂的多数股权，进而开始在全世界设厂经销，成为全世界木制铅笔与色铅笔的领导品牌。1978 年至今，第八代的经营者全新开发产品路线，包含化妆笔，企图让品牌更国际化。

现在辉柏嘉在全世界有超过 15 家生产工厂，环境友善也是其发展的重点，例如在巴西设厂之后的造林计划，确保木材材料永续供给，而且不影响天然资源。辉柏嘉对于品牌传统的坚持，设计讲求简单、实用、精密，崇尚低调的奢华、高品质与个人主义，在变化中展现独特风格。

Faber-Castell ｜
www.faber-castell.com

● 施德楼（STAEDTLER）

约翰·塞巴斯蒂安·施泰特勒（Johann Sebastian Staedtler）1835 年于纽伦堡创立了施德楼（STAEDTLER），已拥有 170 年历史。早在 1662 年，施泰特勒家族已经开始生产制造铅笔，因此将祖先的传统手工艺与专门技术注入新的方式，品牌坚持创新、精密、可靠、书写舒适的目标，也让它成为书写工具的领导品牌。

20 世纪以来，它仍保留产品的传统精神，1900 年注册的 Mars 系列，1901 年注册的 Noris 系列，以及 1954 年注册的 Lumocolor 系列商品，至今仍继续以这些系列名称，研发新产品上市。尤其墨水科技的胜利，让 Lumocolor 系列的笔与麦克笔（Mark Pen）成了经典，也制订标准，更有多项专利，例如如何更流利书写；Dry Safe 科技，让使用者不需要一直盖上笔盖，也能保持墨水不干掉；还有可以书写在任何东西上的笔；防水的、可溶解的、快干的、容易补充墨水的、耐光的……墨水科技的研发工作持续进行，品牌也不断找寻新产品、新解方、新材料、高效率。

1997 年成立施德楼基金会，赞助大学、工艺学校、文化机构等科学研究计划，提供奖学金。公司也兼顾环境友善的政策，采取最先进的废水处理、材料分类、永续能源、废料回收等，也与马来西亚政府签订造林计划。

而战神头造型的商标，在 2001 年再次进化设计，有了全新的 logo。现在全世界有 3000 名员工、10 家工厂、24 个行销点，销售至 150 个国家，而且坚持仍有超过 80％的产品是德国制，是欧洲最大的铅笔、色铅、橡皮擦的制造商。

"品质"是行销世界的语言。拥有值得信赖的品质与设计，就能一直保有市场，品牌的多项产品系列曾获得红点设计等奖项。现在公司总部仍设在纽伦堡。

笔对于施德楼而言，是设计，也是化学科技与材料科技，因此需要兼顾美学与科技，才能不断创新。

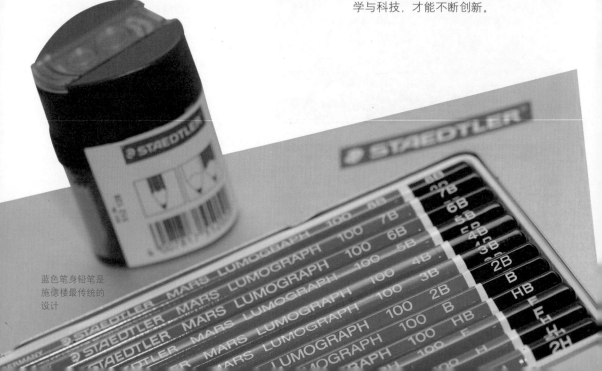

蓝色笔身铅笔是施德楼最传统的设计

施德楼至今仍有超过 80% 的产品坚持德国制造

STAEDTLER |
www.staedtler.com

A

● 雷梅（LAMY）

雷梅是非常年轻的设计品牌，从 1966 年在海德堡的小型制笔工厂开始，现在已成功转型为世界知名的设计品牌，在短短 40 年历史中，创造出不凡的成绩，从最开始设定的 25 到 45 岁族群，到现在连学龄小朋友都是它的客户。

1930 年第一代创始人约瑟夫·雷梅（C. Josef Lamy）在海德堡创业。经过"二战"，1952 年开发出一款 LAMY 27 的流线型钢笔，平滑的出水与笔触，让该品牌在市场上有突破性的发展。1962 年第二代经营者曼弗雷德（Dr. Manfred Lamy）接下父亲工厂的市场经理一职，开启了

A ｜ LAMY spirit 系列
B.C ｜ LAMY 展示柜
D ｜ LAMY 4pen 系列

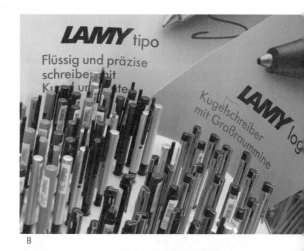
B

公司新的一页。

1966 年，年轻的曼弗雷德为了找寻新契机，展现包豪斯哲学，让形式取决于功能，决定让产品朝功能性的设计目标发展。此时，博朗 Braun Sixtant SM31 电动刮胡刀的设计师格尔德·米勒（Gerd A. Müller）加入了公司，推出一款经典的 LAMY 2000 钢笔，直到今天还是不退流行的款式，完全创新的简洁设计，笔盖上弹簧钳的发明，功能性的外形取决于实用主义，将不锈钢与 Makrokon 塑胶材料完美结合，奠定 LAMY Design 的新纪元，这款笔也进入纽约现代艺术博物馆（MoMA）永久收藏。这一年也代表雷梅公司的新生。

1968 年，公司开始锁定不同客层的书写需求，设计师再次出击，让十几岁的青少年享有第一次非正式地成为"大人"的喜悦，因为在过去，拥有一支钢笔，是成人的仪式。格尔德·米勒又于 1974 年推出 LAMY cp1 系列，成功吸引许多新族群，纤细全金属的笔管，不只创造销售佳绩，还赢得许多国际设计奖项。

1976 年，雷梅推出一系列平面广告，广告一直持续使用到 20 世纪 90 年代，是德国历时最久的广告之一，六页纸张的广告以当今的平面设计来看，仍属佳作，也证明真正的设计绝对禁得起时间考验。

C

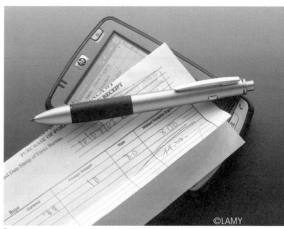
©LAMY
D

1980 年推出 LAMY Safari，非洲狩猎行旅的意象，前卫风格的粗管钢笔，采用橄榄绿塑胶外壳，这是经过市场调查，专门针对 10 到 15 岁的年轻朋友设计，一推出马上被抢购，也曾得到德国的 iF 设计大奖。1987 年推出一款以学童为目标的 LAMY abc，以木头材质和红色塑胶为外壳，符合小朋友的喜好，这是给学龄儿童学写字用的钢笔。2005 年推出的 LAMY scribble 则是特别针对创意族群，如建筑师、平面艺术家等的专用笔，容易描画草图。雷梅每年都推出创新笔款，尝试针对不同族群而设计。

1988 年，这家中小型的家族企业已经慢慢拓展开国际市场，从产品设计、包装、广告，到公司建筑、设计管理等各方面，都达到高标准，这一年还获得欧盟颁发的欧洲设计奖 1988（European Design Prize 1988）的奖项。

1990 年，成立 60 周年，公司的营运开始考量环境友善的策略，除了工厂建筑的绿色屋顶设计之外，设计与产品包装的材料也采取环境友善的方式。1996 年全力推广欧洲市场，以一栋全新的玻璃建筑厂房 LAMY Galleria，庆祝 LAMY Design 30 周年纪念，再次推出 LAMY 2000 纪念款，改用木头材质。

产品以创新著称，不断委请意大利、瑞士和丹麦设计师共同参与，连连获得各类国际与国内的设计大奖。雷梅的精髓就是品质、创新、设计、独特的个人风格，创造一种"MY LAMY"的感觉。在德国创意这项文化计划中，雷梅是德国的 365 个特色之一，可见其重要性。

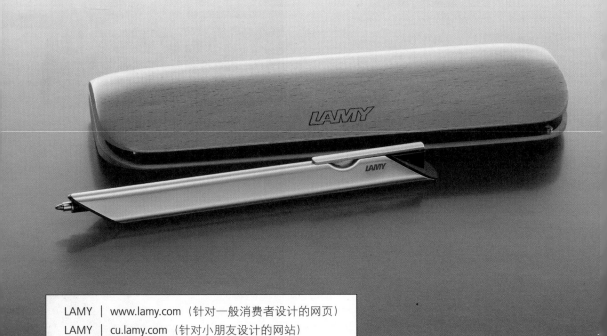

LAMY | www.lamy.com（针对一般消费者设计的网页）
LAMY | cu.lamy.com（针对小朋友设计的网站）

● 红环（rotring）

建筑师、建筑事务所、建筑系学生、艺术家工作室，一定都跟这个品牌打过交道，尤其在手绘年代的建筑系学生们，大家公认的 0.1 针笔，一定指明要买红环，它是当代工程制图专用品牌的代表，以精准科技和专业绘图工具著称。红环制作的笔，只有一个诉求，就是要好握、好写。

1928 年创立于德国汉堡的品牌，开发了第一支非传统笔嘴的钢笔，称为"Tiku"或"Inkograph"，成功行销全世界，品牌名称来自"rotring"，就是德文红环的意思，仍是今天的识别标志。1953 年开发出 Rotring Rapidograph 工程制图针笔，取代了传统绘图的鸭嘴笔，让绘图更简单、流畅、漂亮。1979 年推出的 Tikky 自动铅笔也大受欢迎。

不仅绘图笔，绘图板与尺规也是该品牌的强项。然而到了 20 世纪 90 年代，CAD 绘图软体的普及，传统绘图工具面临严峻的考验，红环转而发展更多变化的笔、铅笔、马克笔。现在则被美商三福（Sanford）笔集团所并购。

rotring | www.rotring.com

● 万宝龙（MONTBLANC）

　　德国名笔万宝龙（MONTBLANC），一个大家都不陌生的高级名品。品牌名称来自阿尔卑斯山最高峰勃朗峰的法文 Mont Blanc，产品商标六角白星的设计灵感也来自白雪皑皑的山峰意象，1913 年即被采用，而笔嘴上的 4810 的数字，则是来自勃朗峰的高度 4810 米。这个 1906 年在德国汉堡创立的高级笔，也是第一个以制造收藏钢笔作为社会地位象征的品牌，现在它并入瑞士 Richemont 集团旗下，也是非常国际化的品牌。

万宝龙这超过一世纪的经典名品，是书写工具转变成身份象征的代表，将钢笔塑造成古典工艺精品，最经典的就是1925年制造的第一支 Meisterstück 系列，至今仍是经典款式，没有退流行之虞。近年来，品牌经营也从名贵的钢笔，扩展到现在的手表、皮件、珠宝、香水等名贵商品，将品牌形塑成高贵的生活哲学，运用限量款的行销方式，像是君王系列、音乐家系列、作家系列等限量款，都是行家收藏的笔款，也提升产品的价值与地位。

在台湾地区，万宝龙钢笔之于男性，大概就像 LV 之于女性般的受宠，每个成功人士与急于挤入成功领域人士的口袋里，似乎一定得有一支六角白星的笔头冒出他的上衣口袋，才能让人注意到他的存在。

倒是我觉得，这个年代买一支适合自己品位的笔，比起一支动辄数万元的笔来得更有意义，而且重点是，在这个已经不重视书写的年代，如何让这支笔发挥它真正书写的价值，才是追随的重点。

A｜商标六角白星意象来自阿尔卑斯山白雪皑皑的勃朗峰
B｜笔嘴上的数字代表勃朗峰的高度4810米
C｜作家系列限量笔款卡夫卡 (Franz Kafka)

B

C

MONTBLANC | www.montblanc.com

生活之间｜设计精品 TROIKA

TROIKA，一个台湾地区不陌生的趣味设计品牌，原本是英格兰生产高品质金属材质礼物的公司，1992 年迁移至德国 Mueschenbach，专司制造钥匙圈、名片盒、信用卡夹、文具用品、旅行携带小配件等产品，以高质感与趣味性的设计著称。

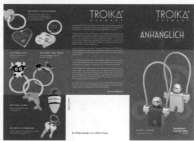

TROIKA 官网提供消费者
下载的产品型录

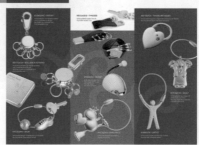

　　TROIKA 从小小的工作室与五名员工的规模开始创业，现在已变成行销全球的设计品牌，有系统地进入全世界的市场。产品设计除了公司专属的设计团队之外，也与国际知名商品设计师合作，大胆创新的设计风格，创造出设计感十足的各种幽默商品，可以家用、办公室用，也可以旅行随身携带，十足吸引年轻消费者的目光。产品设计也提供个性化商品的服务，依照顾客的需求定制礼品，以镭射雕刻画名字或公司 logo，也可印上照片。连瑞典的博物馆、瑞士的邮局等都是他们的客户。

　　TROIKA 的品牌也是"德国创意"计划的成员，显示其对德国设计的重要性，它的商品设计得奖无数，包含 iF 设计大奖、红点设计大奖、Design Plus、莱茵兰－普法尔茨州设计奖（Designpreis Rheinland-Pfalz）、Promotional Gift Award、芝加哥优秀设计奖（Good Design Award Chicago）等国内外设计奖项，为品牌增添更多价值。

TROIKA ｜ www.troika.de

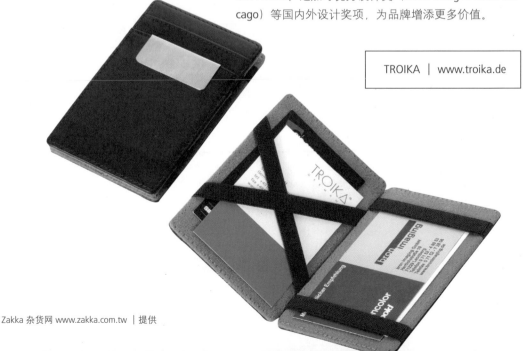

Chapter3

Made in Germany

感性的德国 | 家具家饰

迈森（Meissen）

迈森瓷器（Meissen）相传是欧洲最早的瓷器制造者，于 1708 年制造出白色的瓷器，1710 年正式设立品牌。迈森集合了对于瓷器原料的技术、经验与热情，奠定了迈森瓷器的品牌形象。

迈森 1905—1906 年为德累斯顿旧城烧制的大型瓷砖壁画

迈森的商标是一对十字交叉的钴蓝色双剑，图样来自德国撒克森选帝侯的盾形徽章图示。1722 年即开始使用，1919 年正式注册登记，是世界上最早开始的商标之一，商标也历经了多次的变革，不过大抵仍以来自萨克森选帝侯的臂章图示为底。蓝色长剑交叉在白瓷底部，代表着独特、风格与完美，是高级瓷的象征。

1912 年迈森兴建了瓷器博物馆，1970 年庆祝品牌成立 250 周年，展览厅经过整修重新开幕，两德统一后的 2005 年，迈森博物馆再度全面整修，重新开放。

从迈森开始制造瓷器以来，品质与信誉永远被最优先考量，精致的图腾与巨细靡遗的制作，全由手工完成，不以机器替代，因此每件作品都是独一无二，成为鉴赏家眼中值得珍藏的精品。所有产品的原稿、规格文件与模型都妥善保存，至今仍提供历史上生产过的 15 万件产品接受顾客定制，当然也有不断推陈出新的设计。目前在全球已有超过 300 家授权经销商。

迈森从 1724 年开始，就有专属的工匠培训计划，之后更成立了绘画学校，培养自己的设计师与艺术家，从事瓷器设计与彩绘的创作。工厂中的图样工坊和档案室，是最重要的环节，从这里开始，分别进入制作小雕像、器皿、瓷砖和奖章等的塑形、铸模、压模等制作过程。接着是彩绘上色、上釉与烧制，每个步骤都是极精细的过程，而师傅们皆是经过长时间的技艺训练过程，才能精准的描绘、烧制出完美的作品。

国裕关系企业｜提供

A

国裕关系企业｜提供

B

迈森瓷有造型丰富多样的人物瓷偶、瓷画、花瓶等作品，表现迈森彩绘师们精湛的彩绘技艺，而餐瓷的特色也非常多元，有以鲜丽花卉图案为主题的，有经典的石榴、桃子等青花色系，也有单纯表现白瓷特质的纯白餐瓷。

迈森瓷器一直以手工彩绘处理著称，因此单价颇高，是欧洲的名瓷之一。近三百年来的产品，见证了欧洲艺术的发展史。迈森瓷器的发明者伯特格尔（Johann Frederick Böttger），也是欧洲白瓷的发明者，原本是普鲁士国王的冶金师，因为怕冶金不成而逃亡至萨克森，结果还是被当地拥有选举德意志国王和神圣罗马帝国皇帝权利的诸侯——选帝侯（Kurfürst）奥古斯都抓去冶金，之后专研陶瓷制作，而发明了白瓷。选帝侯

国裕关系企业｜提供

C

Meissen | www.meissen.de
Meissen 台湾地区网站 | www.
meissen-taiwan.com

A | 迈森的每件作品都是手工制作
B | 手工拉坯师父示范拉坯的过程
C | 每件迈森瓷背面都有"交叉的蓝剑"标志，
对消费者而言，是信誉与品质的保证
D | 迈森博物馆
E | 花样年华咖啡组
F | 缤纷物语椭圆盘

D

E

奥古斯都深怕瓷器制作方法外流，于是
将工厂迁往德国东部古城德累斯顿近郊
的迈森，成立了迈森国营瓷器制造厂。

迈森位于德累斯顿近郊，有轻轨
连接德累斯顿，迈森博物馆可提供约一
小时详细的瓷器制程解说。此外，当年
冶金不成后来改制瓷成功的亚伯契斯堡
(Albrechtsburg)也值得一游，里头有两
幅描绘伯特格尔制作瓷器的壁画。城里
的迈森圣母教堂有组迈森瓷钟，据传是
世界上最古老的瓷钟。此外，德累斯顿
旧城区里也有迈森瓷砖拼贴而成的壁画
"王侯队列图"（Procession of Princes），
是旧城中的名景，描绘韦廷（Wettin）
历任统治者骑马列队的景象，这幅 101
米长的瓷砖壁画也是来自迈森精细烧制
的瓷砖。

F

唯宝（Villeroy & Boch）

位在德国梅特拉赫（Mettlach）的唯宝（Villeroy & Boch），是国人熟知的德国品牌，也是一般人真正会拿来使用的生活餐瓷，不似迈森以收藏闻名。1748 年，这个从法国小镇来的陶瓷工厂，迁移到靠近卢森堡的现址，1990 年之后已经是个享誉国际的品牌，但公司股权多数仍掌控在原有家族成员的手上，专门生产高品质的餐具、玻璃器皿、刀叉、餐桌配件，而且强调所有产品皆可放入洗碗机洗涤。

作为一个国际性品牌，唯宝的发展渐趋多元，拥有多项专利技术，旗下有餐具部门、厨房部门、卫浴部门、瓷砖部门等。产品的高可靠度、高品质、形象、优雅、协调、设计、生活品味，都是消费者对于这个品牌的联想。

产品设计与室内设计一直是唯宝公司发展的重点，而公司内部的设计部门，也是公司发展的灵魂，近年来积极网罗许多国际知名的设计师参与，持续激发出符合时尚潮流的创意美学，让 V&B 的产品能够引领风潮并融合欧洲工艺与现代科技的优势。

1970 年中，唯宝开始发展整体卫浴配件与设计，也是此类市场中首次出现的产品，完全改善居家浴室的美学概念，也让卫浴空间从生活上的机能考量，提升为一种前所未有的生活品位与价值观，

成为家中另一个放松与沉醉的角落。

唯宝近年来推出的餐瓷搭配美学与创意，打破传统单一套瓷器的呆板，产品设计曾荣获许多知名的国际设计奖项的肯定，如红点设计奖、iF 设计奖、Good Design、The Chicago Athenaeum Museum of Architecture and Design 等。

喜好唯宝的品牌设计，可走访位于梅特拉赫的工厂，厂区里有瓷器博物（Keramikmuseum Mettlach），也有各种瓷器分类部门可参观，当然也有消费者最爱的商店。

Villeroy & Boch ｜
www.villeroy-boch.com

罗森泰（Rosenthal）

罗森泰（Rosenthal）1879 年由菲利普·罗森泰（Philipp Rosenthal）创立于德国塞尔布（Selb）附近的 Schloss Erkersreuth。1997 年之后，爱尔兰的 Waterford Wedgwood 集团握有其多数股权，罗森泰已经成为该瓷器集团名下的一员。

罗森泰是德国另一个优雅、质感、品味、独特的设计品牌，代表着当代设计与艺术，无论是瓷器或是玻璃制品皆是，不落俗套的餐桌文化与当代室内设计，都有非凡的表现。

125 年的历史，产品设计结合了传统与前卫，具有创新的设计概念，品牌强调结合国际知名设计师、建筑师、艺术家、工艺师们的创意。罗森泰公司自豪的表示，他们有来自全世界一千名设计师的参与，尤其是年轻设计师，也得过无数国际设计奖项。2002 年网罗了知名设计师康斯坦丁·格里克（Konstantin Grcic），他过去是 Authentics、Driade、Flos、Ittala、Whirlpool 的设计师，创作了一系列极简、抽象艺术风格的作品，也为罗森泰得到了不少设计奖项。

罗森泰真正进入艺术领域开始于上世纪 60 年代，品牌于 1964 年的第三届卡塞尔文件展中第一次与国际上 100 位艺术家共同参展，包含玻璃、陶瓷、家具、装饰等 400 件作品。

包豪斯的创办人格罗皮乌斯 1967 年也曾为罗森泰设计厂房建筑与 TAC 系列茶壶，该系列产品至今仍持续生产上市。

罗森泰更与德国设计协会（German Design Council）合作，举办学生设计竞赛，五所欧洲大学的学生受邀参加竞图，包含巴黎高等工业设计学院（Les Ateliers ENCSI）、伦敦皇家艺术学院（Royal College of Art London）、米兰理工大学（Politecnico di Milano）、柏林艺术学院（Universität der Künste）、斯德哥尔摩的国立艺术与设计学院（Konstfack, University College of Arts Crafts and Design）等，积极发掘新世代的设计师。

此外，该品牌从 1993 年起，也与意大利精品范思哲（Versace）合作，两个品牌将彼此的特有风格巧妙融合，创造出优雅、奢华、令人振奋的全新风格。以精致的材料、精巧的手工、高度艺术特质的设计，表现在瓷器、水晶、刀叉、银器等产品上，罗森泰与范思哲相遇，造就了一个独特的完美生活。

Rothenthal | www.rosenthal.de

WMF

WMF（Württembergische Metallwarenfabrik AG）是德国餐具、锅具、刀具和咖啡机等厨房用具品牌之一，1853 年成立于盖斯林根（Geislingen an der Steige），一开始是家金属修补的小工厂，1880 年与另一家公司合并后，正式成为 WMF。1886 年接手了波兰华沙一家金属器皿工厂，发展到 1900 年，已经是世界上最大的家用金属制造商与出口商，拥有 3500 名员工。当时是德国的青年风格（Jugendstil）与欧洲新艺术风格（Art Nouveau）样式蔚为风潮的年代，WMF 即以高品质设计与高机能性的居家用品扬名国际。

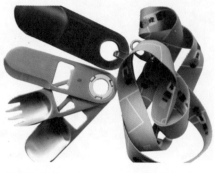

WMF 的旅行组，结合刀、叉、匙与开瓶器，线条简洁浑圆的雾面金属质感，三支可分开用，也可两支合用，附带鲜艳的背带，既实用又具设计感

品牌设计初期以古典风格——如文艺复兴、巴洛克、洛可可等丰富装饰的图腾开始，到了 19 世纪末 20 世纪初，古典风走入历史，取而代之的是融合古典与现代的新艺术风格，德国称之为青年风格。举凡建筑、家具、艺术、装饰，都朝着优雅且现代的线条、适度的装饰性、刻意不对称等形式呈现，WMF 的设计也跟着此风前进。

1912 年，德国克虏伯（Krupp）钢铁公司研发出专供厨房用具、餐具、刀叉制作的金属原料，也就是不锈钢。20 世纪 20 年代，WMF 获得了不锈钢的独家使用权。1925 年之后，新艺术消失，一种机能性为前提的设计考量出现，现代主义起而代之。

20 世纪 50 年代开始，产品设计风格开始受北欧设计与包豪斯精神中的机能主义影响。深受包豪斯影响的设计师威廉·瓦根费尔德（Wilhelm Wagenfeld），其作品进入了每个家庭，设计手法简单，只是单纯让产品的功能展现它的工艺美。他堪称是现代刀叉设计的开创者，

去芜存菁，仅遵循使用者握感与人体工学优先的设计原则。

WMF 不只在德国，甚至在欧洲，能见度都极高，设计风格简单独特，价格合理，一直深受一般消费者喜爱，一支一支的刀叉、餐具、厨房用品摆在明亮的专柜里，成了当代设计精品，不只好看，更是好用。

20 世纪 80 年代之后，WMF 企图结合当代设计风潮，找来世界知名的设计师，从意大利、法国、日本、西班牙、丹麦而来，开创出 WMF 全新的设计风格，更得过无数的设计大奖。

WMF | www.wmf.com

WMF 近年来推出许多与国际设计大师合作的产品，图中是建筑师扎哈·哈迪德的作品

alfi

1914 年，卡尔·齐茨曼（Carl Zitzmann）创立了 Aluminiumwarenfabrik Fischbach 品牌，专门生产保温水壶，生活在冬季寒冷的欧陆，这样的产品成了德国家庭必需品。1918 年市场迅速成长，1928 年起开始外销。经过大战之后，alfi 公司再度重整，不过 1948 年家族企业被征收，成为国营事业体；1949 年卡尔·齐茨曼东山再起，另起炉灶。1960 年，alfi 再度成为拥有 150 名员工，生产 500 种不同款式保温水壶的公司，外销 62 个国家，事业不断扩张。1971 年，第二代经营者瓦尔特·齐茨曼（Walter Zitzmann）接手。1987 年，加入了 WMF 集团，但仍维持 alfi 品牌，继续生产保温水壶，alfi 最经典的造型保温水壶，现在仍在市面上贩售。

保温水壶，一个看似简单的生活用品，其实从金属原料到成形，是个复杂的过程。从底部圆盘开始，进入了 1200 度高温烧制、刨光，再经过银、金、铑等金属电镀，制作内部保温缓冲层的双层玻璃材料则来自比利时、alfi 专属的玻璃工厂，最后就是组装，然后行销全世界。alfi 标榜不管哪个年代的 alfi 壶，都可以送回韦尔特海姆（Wertheim）工厂维修。

alfi 强调设计是其根本，也是行销世界的利器，近年来更与丹麦设计师合作，推出许多创新产品，如彩色与塑料材质的 alfi 壶，而为了压低价格，低价产品变成中国制造，如要购买经典款，还是要指明德国制造。

alfi | www.alfi.de

Krups

Krups 是世界知名的咖啡机与浓缩咖啡机制造商，也生产许多家用的厨房设备，例如切肉片机器、食物搅拌机、咖啡研磨机、电热水壶、烤面包机等。现在的 Krups 因为公司并购，已属法国的 Groupe SEB 集团所有。

也包含了浓缩咖啡机、综合式咖啡机、Nespresso 咖啡机、过滤式咖啡机等等。Krups 的浓缩咖啡机结合了帮浦机与铝制加热块（Thermoblock）加热技术，水温可立即被加热到 92℃，让每杯咖啡都能精准的控制温度，因此自己煮出一杯好咖啡变得更简单。

烘焙咖啡是一门艺术，而研磨咖啡豆则是一种技术，磨得太粗太细都会让咖啡走味，而不同的咖啡机也需要不同粗细的咖啡粉来搭配，因此磨豆机也是煮咖啡程序中非常重要的一环。一般刀片磨豆机易让咖啡豆碎成不规则状的咖啡粉，难以确保研磨出来的咖啡粉品质，而 Krups 也研发可以预先选择粗细程度的磨豆机，以确保研磨出大小一致的咖啡粉。

Krups 依旧维持精湛的德国工艺表现。1846 年由罗伯特·夸普斯（Robert Krups）成立的品牌，一直发展到 1961 年，Krups 开始专注于电动咖啡机的设计与制造，改革了在家喝咖啡的品质，从最开始的咖啡豆研磨，到最后煮好一杯完美咖啡的过程都能简单进行，让每位咖啡入门者都能胜任操作。

咖啡是公元 9 世纪，衣索比亚高原的牧羊人所发现，之后在回教世界的波斯、埃及、也门、土耳其等地流传开来，一直到 16 世纪末才传至欧洲，进而成为世界上最广泛流传的饮品之一。

冲泡咖啡的方式有很多种，Krups 的咖啡机种类

因应最新的煮咖啡方式，Krups 也推出了 Nescafé® Dolce Gusto™，与雀巢咖啡合作，将一颗颗彩色的咖啡胶囊放进机器里，马上有不同口味的咖啡呈现，让煮咖啡的方式变得更加简单优雅，是现在最流行的咖啡机。

Krups | www.krups.com

rsisenthel

认识 rsisenthel 是从五彩缤纷的菜篮而来，当初在德国的餐具用品店里，惊讶地发现，原来菜篮也可以设计得如此现代摩登，让提着菜篮上街购物，变成了一种流行时尚。

德国因为环保政策执行彻底，多数超商不提供购物袋，也养成了德国人提着菜篮逛街的习惯，无论是传统市场、露天市集、超级市场，都能见到德国人提菜篮的身影，不仅女人，提菜篮的男人也不少

rsisenthel │
www.reisenthel.com

A

这个设计感十足的菜篮，来自一个非常知名的设计品牌 rsisenthel，设计新颖、线条简单、材质耐用、色彩缤纷、非常显眼，商品不仅有菜篮，也设计各种特殊功能需求的篮子与袋子，像是各种用途的购物袋、购物拉车、酒瓶袋、保温袋、野餐袋、旅行袋、收纳盒、收纳袋、电脑袋、洗衣篮、园艺袋、垃圾桶、雨衣、折叠购物袋等等，产品适合家庭与办公室之用。

超过 30 年的品牌经营，一直以创新、实用兼具的设计赢得消费者青睐，想让自己的品牌设计，在日常生活中，反映出德国最为世人称道的环保精神。当然，rsisenthel 也得过许多设计大奖，像是红点设计、iF 设计奖、FORM 等。

A │ 现代风格的菜篮
B │ 传统市场里卖的菜篮

B

HOGRI

德国有许多以设计闻名的生活用品，其中 HOGRI 以幽默风趣的设计手法见长，而品牌悠久的历史是其发展基础。

1909 年由菲利普·霍纳 (Philipp Honer) 和西尔韦斯特·格林 (Silvester Grimm) 共同成立，一开始以生产礼品、茶具、餐具等日常用品为主，第一次世界大战之后，20 世纪 20 年代已有 200 名员工。第二次世界大战期间，除了继续生产日常生活用品，也生产军火。战后，公司又从 35 名员工开始，业务持续成长，直到 1964 年搬进新的厂房。

1990 年，HOGRI 与德国建筑师合作，推出一系列设计感十足的产品而大受欢迎。1992 年将企业名称从 Honer & Grimm KG 改为现在的 HOGRI Honer & Grimm GmbH & Co. KG.。1998 年推出最经典的 Friends Forever 系列产品，也就是现今大家最熟悉的产品线，一个个可爱幽默的笑脸，运用在所有产品设计上。

HOGRI 以不锈钢坚硬冰冷的材质，设计出温暖有趣的造型，再加上整体包装设计，刻意突显产品形象的蓝、橘色盒子，摆在架上非常抢眼。产品包含文具、厨具、刀叉、汤匙、卫浴用品、茶具、烟盒、开瓶器、礼品等。虽然每件东西都是日常生活中常用的，但是 HOGRI 绝对以你意想不到的造型出现。

HOGRI | www.hogri.com

Remember Products

认识这个品牌，是从餐具店里五花八门的各种"垫子"开始。所谓的垫子，就是指面包垫、餐垫、起司垫、隔热垫等等，在英国常见的只有各式花色的餐垫，到了德国才发现，原来面包也需要自己的垫子，住在德国期间，就是因为买了两个面包垫，进而发现了这个有趣的品牌。

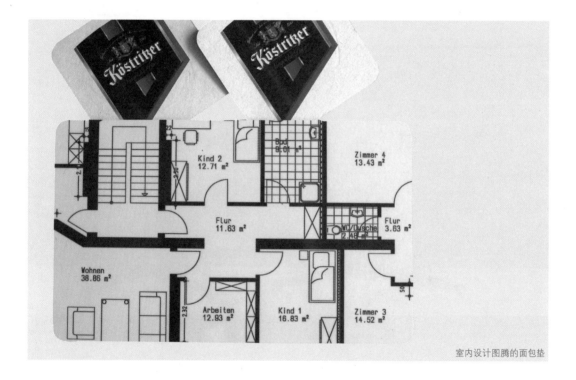

室内设计图腾的面包垫

Remember Products 不只有面包垫与餐垫，还有各式家庭与办公室用的商品，而且以设计著称，样式图案新奇有趣，创造生活中的幽默，让人不发现它都难。

Remember Products 产品包含各种尺寸的拖盘、长方形面包垫、圆形起司垫、餐垫、马克杯、餐巾、彩色火柴棒、擦拭杯盘的茶巾、纸箱、文具收纳盒、瓷器收纳罐、羊毛毯、滑鼠垫、各式游戏、卡片、行事历、便条纸、不同时区的时钟、甚至巧克力与果酱，产品非常多元，设计更是丰富。

Remember Products 也是经过红点设计奖加持的品牌。

Remember Products |
www.remember-
products.de

关于德国家具

德国在战后的家具设计一直维持"机能主义"的传统，乌尔姆设计学派即是其中最重要的代表，纯机能主义的产品注重品质与机能，但似乎让产品少了一点什么，也因此在 20 世纪 80 年代开始出现批评的声音，设计界所关注的焦点也转移到意大利设计的家具上。

©Vitra GmbH

因此，20 世纪 80 年代之后，德国家具渐渐转移到所谓的"新德国设计"风潮，让这些产品不只是"好用、实用"，更要"好看、有设计感"。这股风潮所产生的家具，设计独特、品质精良，但是生产量低，对于兼顾数量的模组化生产尚有一段距离，不符合社会大众需求，所以这股风潮到了 20 世纪 90 年代初期又宣告结束。

20 世纪 90 年代是个热闹的年代，时兴所谓的"多元论主义"（Pluralist principle），许多设计理念同时存在，例如从生态有机主义所衍生出来的自由造型家具，利用回收塑胶所制作的再生家具，改革自原有机能主义的家具，都同时存在着。

目前的德国家具风格，也是当前国际家具设计风格，即是所谓的"新极简主义"（New minimalism），其设计原则在客观上来说，不只是朝着所谓的"减法设计"，而是在极简的同时，也重视材料、品质、原创性、机能性及最新科技的应用。新材料与新科技的使用，也创造了许多前所未有的家具形式。

不过，在全球化与资讯发达的情况下，跟许多以设计著称的国家一样，所谓的"德国风格"家具界线已逐渐模糊化，甚至没有特别的象征可以突显德国设计家具。吊诡的是许多德国设计师在英国受训练，然后帮意大利公司设计家具，而许多德国家具反而是英国人所设计。不过家具设计会再次随着时间演变，渐渐区分出自我风格，如意大利人沉迷于颜色与造型，德国人还是依旧维持着"禁欲主义"的"极简"的设计风格。

Vitra

Vitra 近几年在台湾地区的知名度颇高，无论是既经典又创新的家具设计，或是 Vitra 园区的大师建筑，都是许多人追逐的目标与到访德国时的必要行程。

● 大师建筑

Vitra，1934 年从瑞士西北部的巴塞尔（Basel）一家设计公司开始，1950 年 Vitra 在德国边境的威尔－莱茵（Weil am Rhein）成立总部，1957 年开始与美国设计公司 Charles & Ray Eames 合作，1981 年厂区不幸惨遭祝融之后，委托英国建筑大师尼古拉斯·格里姆肖（Nicholas Grimshaw）设计了一座新厂房，1989 年普利兹克建筑大师弗兰克·格里（Frank O. Gehry）也在总部设计了 Vitra 设计博物馆（Vitra Design Museum），这是弗兰克·格里在欧洲的第一个建筑作品，建筑师与 Vitra 的关系深厚，也为其设计了不少家具产品。

1993 年委托英国女建筑师扎哈·哈迪德设计了一座消防站，这也是扎哈·哈迪德所设计的第一栋作品；同年更邀请日本建筑大师安藤忠雄设计了 Vitra 会议中心（Vitra Conference Pavilion），亦是安藤忠雄在日本之外的第一栋作品。1994 年委托葡萄牙建筑大师阿尔巴多·西萨（Alvaro Siza）设计了 Vitrashop；同年弗兰克·格里又在瑞士巴塞尔附近的 Birsfelden 设计了一栋 Vitra 的行政管理总部。1994 年公司通过 ISO 9002 认证，2003 年将法国设计大师让·普鲁韦（Jean Prouvé）于 20 世纪 50 年代设计的加油站，重新设置在园区里。

因此，走访一趟 Vitra 园区，即可一窥数位国际知名建筑大师的作品，是许多建筑与设计学子的必经之路。

Vitra 设计博物馆：弗兰克·格里 内部机能与自然采光是 Vitra 设计博物馆的优先考量，也是建筑师盖瑞当初提议采用白色的建筑方块、高塔与旋转斜坡结构相融的设计原则。

©Vitra GmbH

A｜生产车间，阿尔巴多·西萨

由葡萄牙建筑师阿尔巴多·西萨设计的新厂房，是园区中最年轻的建筑作品，新作品成功的将既有的 19 世纪厂房建筑巧妙融合，也确实呼应周围既有的大师级建筑

B｜厂房，尼古拉斯·格里姆肖

英籍建筑师尼古拉斯·格里姆肖在 Vitra 惨遭祝融之后所设计的主要厂房建筑，铝合金材质的建筑主体呈现强烈的水平线条，也成功实现厂方当时低成本及六个月完工的要求

C｜消防站，扎哈·哈迪德

位于园区底端的是英籍女建筑师扎哈·哈迪德所设计的消防站，是整个园区视觉焦点与景观焦点的收尾

A

©Vitra GmbH

B

©Vitra GmbH

C

A

B

A｜会议中心，安藤忠雄
建筑师安藤忠雄在日本以外的第一栋作品，作为会议中心与员工训练所，设计灵感来自周围的樱桃树，特色为简朴低调的清水混凝土量体
B｜会议中心，安藤忠雄
安藤忠雄为了降低压迫感，让建筑物不致高于周围的樱桃树，所以会议中心有一半在地面层以下
C｜Vitra 中心，弗兰克·格里
Vitra 的行政中心建筑，由建筑师格里所擅长的建筑量体群所组成，内部主要区分为对内的办公空间与对外的接待展示空间，两者以廊道与桥相通，里头亦设有接待处、商店、咖啡馆、会议室、视听室等

C

●设计家具

Vitra 的家具设计目标，是为了让每个场所展现魅力并兼顾舒适性，在许多公共场合都可见到 Vitra 产品的踪影，也可以在许多大企业的办公空间里发现，更会在许多富有设计感的居家、工作室里出现，俨然是个家具名品的代名词。

Vitra 认为空间里的设计对于人的行动力、表现与健康，有着决定性的影响。所以 Vitra 想让家具在空间中具有刺激、鼓舞与积极的作用，同时也让身体舒适、安全、具支撑性，强调人体工学是人类与机器之间协调的基本原则，因此除了要好看更要求符合人体工学，让使用者更健康舒适。为了达到这些目的，Vitra 设计团队一直与许多知名设计师合作，不断尝试与创新。

Vitra 企业发展的同时，也兼顾德国企业一直强调的环境道义，产品材料与加工制程，以减少环境破坏为优先考量。1991 年，公司更成立了内部的生态委员会来探讨环境议题，让 Vitra 产品更环保，例如不使用破坏臭氧层的有毒溶剂，尽可能使用再生原料，制程中也极尽所能减少噪音，减少废弃物，产品采用最少的包装和再生材质的包装。而且，Vitra 对于生产高品质的产品充满自信，因为设计线条与产品经久耐用，自然能延长使用年限，减少丢弃家具的机会，也是一种环保诉求。

设计，不仅是让东西有造型而已，设计，是为了让功能已经达到要求的物品，附加一层让人渴望拥有的价值。此外，设计是为了让所有原本相矛盾的种种考量，达到一种妥协状态，例如舒适度、科技、人体工学、生态环境、经济考量，当这些考量达到最佳平衡时，才能称之为好的设计。

Vitra，正有这样的自信。

A ｜ 20 世纪丹麦最具影响力的设计大师潘顿（Verner Panton）（1926—1998）于 1959 年设计的心椅（Heart Cone Chair）

B ｜ 美国现代主义设计大师乔治·尼尔森（George Nelson）（1908—1986）于 1956 年设计的棉花糖沙发（Marshmallow Sofa），18 个彩色圆圈是其特色

Vitra ｜ www.vitra.com

A

B

©Vitra Patente AG

©Vitra GmbH

美国设计大师乔治.尼尔森于 20 世纪 50 年代为儿童设计的多款动物造型钟

丹麦设计大师潘顿于 1959 年所设计一体成形的 Panton Chair Classic & Standard

美国当代设计大师查尔斯与蕾·埃姆斯（Charles & Ray Eames）夫妻于 1956 年设计的经典款 Eames Lounge Chair，已收藏于纽约当代艺术博物馆 MoMA

©Vitra GmbH

美国当代景观建筑师野口勇（Isamu Noguchi）（1904—1988）于 1946 年所设计的 Freeform Sofa & Ottoman

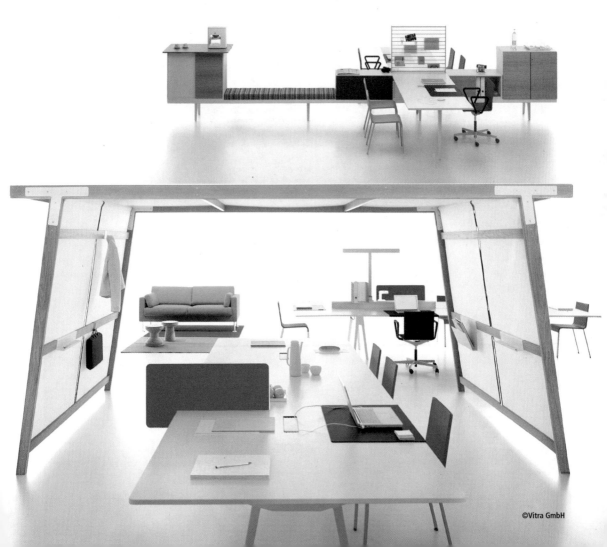

©Vitra GmbH

Tobias Grau

灯光照明，是空间中非常重要的一环，当代的建筑与室内设计，也非常重视灯光设计师的专业，而 Tobias Grau 即是德国知名的灯光照明设计之一，也是个国际知名品牌，以居家与商业空间如办公室的灯光设计制造为主，在专业灯光设计师与建筑师的统筹规划下，为顾客提供专业富设计感的灯光照明，全球已有 40 个国家及多达 800 家的经销商，Tobias Grau 的产品亦得过无数的设计大奖。

©Tobias Grau GmbH

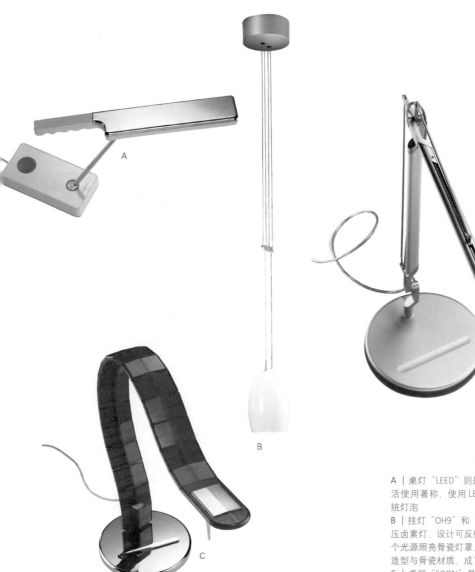

A

B

C

D

A｜桌灯"LEED"则是以它优雅的外形与灵活使用著称，使用 LEDs 发光二极体取代传统灯泡

B｜挂灯"OH9"和"OH7"（左页）是低电压卤素灯，设计可反射照明的装置，以第二个光源照亮骨瓷灯罩，不会过于耀眼，简单造型与骨瓷材质，成了复古的现代设计

C｜桌灯"SOON"是该品牌最著名的桌灯，曾获得多项设计奖，公司也不断推出新的色彩搭配

D｜桌灯"BILL"是传统的二节式桌灯，一种使用长管状与圆头状的省电灯泡，一种使用卤素灯泡。此款方便调节灯头，符合各种使用者需求，可左右移动，也兼顾左右撇子的人使用。最简单的设计，即可永保不退流行

　　该品牌是 Tobias Grau1984 年于汉堡成立的室内设计工作室所创，其中也包含灯具与家具设计，1987 年他以自己的名字为品牌，参加了科隆家具大展，获得热烈的回响，开始了他专业的灯具设计品牌。1989 年，公司移到了自己的专属厂房，1992 年该品牌在米兰的国际灯饰展中一鸣惊人，获得国际热烈回响，1998 年公司迁移到全新的厂房中，1999 年，Tobias Grau 分别在汉堡、柏林与杜塞多夫开设了品牌专卖店。

Tobias Grau ｜
www.tobias-grau.com

NICI

多年前在德国，因为"乌龟"而认识了 NICI，当时买了几件乌龟图案的文具回来，这是一个专卖布偶、文具、饰品的品牌，以牛、羊、鸭、龟等动物造型，变换出各式可爱的商品，许多德国城市都可见到 NICI 的专卖店。

　　NICI 是德国礼品业的领导品牌之一，1986 年创立，是许多年轻学生最爱的装饰小配件，像是钥匙圈、绒毛玩具、各类文具等等，成了许多人生活中不可或缺的物品，因其可爱的设计总让人有说不出的愉悦。

　　NICI 的设计团队认为它们的产品反映了文化的基本价值，目的是要设计出让人开心的产品，呈现一种积极的价值，陪伴每个人度过快乐与悲伤，提供生活所需的小配件，让生活中多一点灵感与鼓舞，用设计与品质丰富每个人的生活。

　　价值观左右每个人，会呈现自己的人格特质，也会呈现出不同的印象，价值观也会提供人生的方向和引导，而这个理论也可用在公司品牌上。而 NICI 自认其品牌竞争力就在设计与研发，发展出了属于自己的设计语汇，尤其是各种动物造型的绒毛布偶设计，以一种基本形体发展出各式各样的动物造型产品，已经自成一格，不会与其他品牌混淆，因此在世界上有许多 NICI 的爱用者。

NICI ｜ www.nici.de

Mila

已经有 25 年历史的 Mila，是一家小型公司，以独特的手工产品著称，设计哲学就是多彩的设计与笑脸，品牌的中心思维就是"Hi，让我们微笑吧"（Hi-Let's smile!），因此所有产品设计表现出来的就是微笑标志，让人看了开心的图案。

这个品牌在德国大街上随处可见，产品线多元，主要是家饰与文具为主的生活小用品，色彩鲜艳活泼，例如马克杯、餐盘、咖啡杯、茶杯、时钟、脚踏垫、书架、装饰品、各式文具等。

Mila　|　www.mila-design.com

南德木雕

提到圣诞装饰，一定会联想到德国传统的圣诞饰品，尤其是精致手工制作的木雕，是德国传统工艺的经典代表。

其实，德国的圣诞饰品能发扬光大，也要拜美国人之赐。故事开始于 20 世纪 60 年代，一位美国军官与妻子拜访了德国友人威廉与克特·沃尔法特（Wihelm & Käthe Wohlfahrt）夫妇，他们深深喜爱一个从厄尔士（Erzgebirge）地区来的木制音乐盒，好友威廉决定送给这位军官朋友一只音乐盒，不过，这样的德国传统圣诞节饰品只有在过节之前贩售，他遍寻不着，最后好不容易找到时，店家却说一次要买 10 个，他只好全数买下，一个送给军官朋友，另外九个则挨家挨户地卖给了驻德美军，尤其是军官的太太们。

1964 年，威廉决定开设一家一年到头都贩售圣诞节饰品与礼品的专卖店，一开始是在斯图加特附近，后来搬到了观光城罗滕堡，也就是知名的"Weihnachtsdorf"，意思就是圣诞村。现在店家门口停放了一辆彩色复古的小巴士，上面载满色彩缤纷的圣诞礼品，成了罗滕堡的著名景点。

各式造型的吹烟娃娃是德国家庭圣诞节必备的饰品

圣诞村里有各式各样的圣诞装饰品，圣诞金字塔、胡桃钳、吹烟娃娃、玻璃饰品、木盒、亚麻桌布等等，对街另有一家分店，店门前有座巨型的胡桃钳士兵，也是游客喜欢合影留念的目标。

德国传统的圣诞饰品中，以下述几样最为人熟知，也最被广为收藏。

吹烟娃娃（Raeuchermaennchen）：一开始的意象是抽烟的土耳其士兵，19 世纪 50 年代就被设计出来，狭窄的身体中，有个通风孔道和一个大嘴巴，如果把用煤炭、木屑、马铃薯粉、香料等所制成的锥形熏香装到木偶肚子里的香座上点燃，烟就会从娃娃的口中徐徐冒出，让冬日里长期紧闭门窗的室内充满淡淡香气。吹烟娃娃现在已经衍生出许多不同的造型，像是圣诞老公公、音乐家、厨师等。造型可爱趣味的吹烟娃娃及其香气，都是德国家庭圣诞节中必备的饰品。

琳琅满目的圣诞饰品。橱窗后方有着木制旋转叶片的就是圣诞金字塔

胡桃钳士兵（Nutcrackers）：开始于 1870 年左右，从用来夹开坚果硬壳以制作圣诞糕点的日常生活必需品，渐渐演变成装饰品，一开始为士兵造型，造型也很单一，如今已衍生出许多人物造型。依据德国习俗，在家中摆置胡桃钳可以驱退厄运与危险，保护家庭，带来好运。柴可夫斯基著名的芭蕾舞剧《胡桃夹子》，就是以士兵造型的胡桃钳为主角。

圣诞金字塔（Pyramid）：利用蜡烛燃烧时上升的气流推动扇叶旋转的金字塔形木制烛台风车，现在许多已改为电力推动。开始于 1850 年，造型从矿坑搬运矿石的机器而来，表达了当时矿工生活。随后，基督徒故事被应用在造型上，最早期是由 3—7 层塔所组成。在德国，只要家里一摆出圣诞金字塔就表示圣诞节快来了，是非常重要的圣诞装饰。

拱形烛台（Schwibbogen）：从悬挂式的建筑拱形而来，传说矿工与金属匠于 1726 年制作出第一个铸铁烛台，造型也是从矿工生活意象而来。以前矿工每 10—12 小时轮班一次，矿工渴望见到光，在圣诞夜最后一次工作时，矿工们会把灯挂在墙上马蹄形的铁片上，象征矿坑的入口，设计者就是从这个意象而来，矿工们开始以木头雕刻拱形烛台，在烛台刻上家的造型与事物，也常刻画圣诞情景或故事。

wohlfahrt | www.wohlfahrt.com

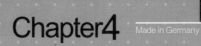

Chapter4
Made in Germany

居家的德国 | 生活用品

生活好帮手

电子产品是德国人自豪的工艺科技，闻名世界的品牌与产品不胜枚举，也掌握了许多设计与科技上的专利。持续不断的研发，各种精良的家电产品创造了更优质的现代生活。

●西门子（SIEMENS）

西门子不仅是德国最大的机电公司，企业规模更遍布全球，1847年创立的品牌，经过两次世界大战，于1966年成功整合成现在的西门子（Siemens AG）；小从家用电子产品与通信产品，大至国家尺度的各类基础设施，西门子以其创新与研发独步全球，企业经营以拓荒者之姿进入世界版图，通过其产品与科技，变成了享誉全球的事业体。

160年的历史，西门子产业涵括家电、通信、手机、自动控制、电力、医学、交通、照明、水利、电脑、电子等各方面，是德国科技工艺的最佳代言者，也是欧洲最大的工程集团，旗下分成六大部门：自动控制、能源、运输、医学、资讯与通信、灯光，在全球190个国家皆有分支，拥有超过480000名员工。

虽然家电部门不是西门子最大的获利来源，不过普罗大众较常接触的却是这些所谓的"白色产品"（White Goods）。20世纪50年代因为市场上的家用电品需求大增，西门子特别独立出家电部门以专注研发生产，而来自日本产品的激烈竞争，让它决定于1967年与博世家电部门合并成为博世－西门子公司（Bosch-Siemens-Hausgeräte GmbH，BSH），持股各半，共享研发资源以增加竞争力，目前为欧洲电器的领导品牌，也是世界上最大的几家家用电器制造商之一。

西门子家电早期以生产电视机、收音机、吸尘器著称，于1964年推出第一台洗碗机，三年后与博世与西特科（SiTeco）合作推出世界上第一台不锈钢外壳的洗碗机，让家电的使用年限大幅增加。而西门子近几年的家电产品卖点，即是推出Porsche Design的小家电，符合现代人讲求设计的生活美学，例如烤面包机、电热水壶、咖啡机等产品，让德国小家电不只是好用、耐用，更增加许多设计美学价值。

此外，与一般生活相关的子品牌，另有Fujitsu-Siemens的电脑产品，欧司朗（OSRAM）与西特科的灯具与灯泡，还有2007年4月方整合成功的诺基亚西门子通信网络公司（Nokia-Siemens Networks），成为大型的通信集团。

西门子集团自20世纪50年代开始即对于艺术赞助不遗余力，于1987年更成立"西门子艺术规划"（Siemens Arts Program），提供大笔资金赞助艺术与展演活动。

SIEMENS | www.siemens.de

● 博朗（BRAUN）

1921 年于法兰克福成立的一家小商号，两年后开始生产当时仍不普遍的收音机零件，1929 年开始生产收音与扩音同在一部机器的产品，成为德国收音机的领导品牌，1932 年又继续加入录音功能，1935 年，博朗（BRAUN）商标正式诞生。

1950 年推出 S50 电动刮胡刀，是现代刮胡刀的原型，1952 年，BRAUN 商标正式变成了 A 字母突出的样子，沿用至今。1954 年继承父业的博朗兄弟委托乌尔姆设计学院重新设计收音机与留声机，真诚、低调、功能性的设计，成功区隔了市场。1956 年又推出一款 Phonosuper SK4 收音机，昵称为 "snow-white-coffin"，得到许多国际设计奖项，此款收音机也进入纽约 MoMA 的当代设计收藏中。1959 年推出第一部 HiFi 音响，1962 年推出 sixtant 电动刮胡刀，正式奠定博朗成为全球刮胡刀的领导品牌。1963 年推出博朗电动牙刷，1967 年美国波士顿 Gillette 公司成为该家族企业最大持股者。1968 年开始举办博朗工艺设计奖（Braun Prize for Technical Design）直到今天，鼓励年轻而有创意的设计师。1971 年推出桌上型闹钟，1981 年博朗已成为全世界小家电的领导品牌，1988 年博朗已生产了一亿支的电动刮胡刀，1990 年推出女性专用除毛刀，1991 年推出全世界第一支圆头震动牙刷。接下来几年，持续开发东欧与远东市场。

德国工业设计大师迪特尔·拉姆斯（Dieter Rams）担任设计总监的 1961—1995 年间，对于博朗家电设计的影响最为深远，他的设计哲学秉持着一贯的德意志作风，认为好的工业产品必须删除所有不必要的设计元素，不常用到的功能或按键通通都可以省略；唯有这样才能让使用者以直觉来操作这些产品，减少不必要的介面困扰与机能浪费，也唯有这样才能将工业产品的造型简化到极致。

迪特尔·拉姆斯在 20 世纪 70 年代提出的设计哲学，甚至跨越时空传承给大西洋彼岸的 Apple 首席设计师乔纳森·伊夫（Jonathan Ive），如第一代的 Apple iPod 灵感完全来自 Braun T3 Pocket Radio，Apple Power Mac G5 桌上型电脑的造型则类似 Braun T1000 Radio，而 Braun LE1 扬声器的造型最后衍生出 Apple iMac 的液晶荧幕。德国 20 世纪中后期的工业设计风格，的确给予 21 世纪成功电子产品一个无可取代的灵感来源。

不过，到了 1998 年，公司股权已完全被美国吉列（Gillette）公司所拥有，真正变成了美国品牌，而 2005 年之后，吉列公司又被宝洁（Procter & Gamble）集团吃下，因此，现在的 BRAUN 其实已经变成"美国人"。

BRAUN | www.braun.com

● 博世（BOSCH）

　　德国博世是 1886 年由罗伯特·博世（Robert Bosch）在斯图加特成立的品牌，以创新、研发的企业精神，逐渐发展为国际大公司，更是家电工业技术的先驱。博世的产品与科技，在研发人员与技术人员的日益精进中，除了精美的工业设计外形，对于材料的极度讲究，让它以生产可靠、实用、使用年限耐久的产品闻名，受到全球使用者的高度信赖。值得一提的是博世家电的最高设计原则就是省水、省电，尽量减低人类因高度便利性对环境所造成的负担，可以从博世绝大部分产品都标有欧盟家电用品的 A 级省能标章体会博世的坚持，甚至有不少产品已达到超高标准的 A+ 等级。

　　博世的企业标语"INVENTED FOR LIFE"，为了生活而发明，它的产品让"家事"这件在过去被视为麻烦又费时的苦差事，变得简单开心，甚至变得赏心悦目，提升了日常生活的品质，符合繁忙现代人的生活需求与视觉需求。例如，1933 年率先推出了低价位的家用电冰箱，对一般家庭的日常生活起了重大作用。

　　博世的炉具、烤箱、五金工具、洗碗机等家电产品，均得过如 iF 等知名工业设计奖项，更保有多项设计与技术专利。1967 年之后，家用电器部门与西门子家用电器整合，成立了 BSH，让博世成为德国首屈一指、欧洲第二的家用电器厂。

　　家电之外，博世也是高品质德国车主要的汽车零件与系统供应商，像是 ABS 刹车系统、燃油喷射系统、火星塞、雨刷、电池、充电器、启动马达等重要零件，都由博世生产提供；另外，德国知名的蓝宝汽车音响 Blaupunkt 也是旗下重要的子公司，其影音产品在许多德国车上都看得到。博世亦是欧洲最大的五金工具厂牌，尤其是电动五金工具，供应欧洲约五成的市场需求，在欧洲，几乎每个家庭都有一把博世电钻。

BOSCH | www.bosch.com

原子价的秘密

化学工业与医药业亦展现了德国制造与研发的实力，德国有许多世界知名的药厂，如拜耳（Bayer）、先灵（Schering）、默克（Merck）等药厂，研发制造了许多医学上重要的药品与医学技术。

德文里象征药房（Apotheke）的红色大写"A"标志地砖

● 妮维雅（NIVEA）

妮维雅是德国拜尔斯道夫（Beiersdorf）公司于 1911 年研发的乳霜，命名为"NIVEA"，灵感来自拉丁语"nivius"，雪白之意。是世界上非常普遍的保养用品。

1930 年开始，拜尔斯道夫公司开始生产防晒油、刮须膏、洗发精及脸部保养产品。妮维雅商标曾经在"二战"之后被很多国家没收，20 世纪 80 年代，妮维雅才又逐渐打入全球市场。

第一次世界大战后，妮维雅将包装改为白色商标与蓝色锡罐，别小看这罐妮维雅乳霜的包装，这可是代表德国工艺产品设计史上重要的一项。尤其是 1925 年开发的蓝色锡罐，是该品牌最经典的设计，蓝色搭配白色的包装基调也成了妮维雅产品的代表色，不过，现在市面上已经少见这样的传统产品包装，仅在德国有售。

NIVEA | www.nivea.com

APOTHEKE

● 药妆店

德国城市中很常见到的商店，就是药妆店，以一个非常明显的红色大"A"为商标，或是在店门口写着"Apotheke"的字眼，即是德文"药房"的意思，字根来自拉丁文。而现代的药房已经朝多元化经营，变成了药妆店，不仅有专营药品的部门，也有生活清洁用品、化妆品，甚至是日常生活用品与食物。

对于德国药学发展有兴趣者，更可以造访位于海德堡城堡里的德国药学博物馆（Deutsches Apotheken-Museum）。古代的医药发展控制在宗教之手。历史上最早有药房记录的是伊拉克的巴格达，13世纪的意大利则已经出现了医药分业的专业，14世纪的德国也开始采用此专业分业，当时即出现了药剂师这个行业。工业革命之后，德国在1872年制定了德国药典（Pharmacopoeia germanica）标准，为现代西方医学奠定良好的根基。

"二战"之后，德国化学工业与药剂工业持续快速发展，有许多世界知名的药厂及化学厂家，如默克、拜耳、巴斯夫（BASF）等都是知名大厂。

各式不同的药妆店招牌。德国药妆店普及度就像台湾地区的便利商店，随处可见。德文的药房"Apotheke"一字来自拉丁文的"Apotheca"，原意是储存室；英文的药房"Pharmacy"则是源自希腊文的"Pharmakon"，有药物、毒药和魔力的意思。

人要衣装

德国的服饰配件工业也自成一格，有代表时尚精品的 Hugo Boss、Anger，也有户外活动品牌的狼爪（Jack Wolfskin）、沙乐华（SALEWA），更有体坛常见的阿迪达斯、彪马，而强调功机能与设计的制鞋，也都展现了德国设计与制造的品质与精神。

A

● 沙乐华（SALEWA）

欧洲知名的户外品牌沙乐华，1935 年创办于慕尼黑，以生产皮革与纺织产品开始，接着研发金属结构的帆布背包和以桦木材质设计的滑雪板，站稳了冬季运动产品品牌的角色。

沙乐华持续研发功能性的服饰与装备，专门应对户外运动的严峻气候变化。

品牌以展翅高飞的猎鹰为 LOGO。

B

A｜户外专用的 GORE-TEX 材质，具防水、挡风、透气的特性
B｜舒适且耐用、耐洗的保暖围巾

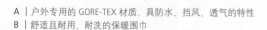

SALEWA｜www.salewa.com
SALEWA 台湾地区网站｜
www.salewa.com.tw

●狼爪（Jack Wolfskin）

狼爪是世界上最大的户外休闲品牌之一，起源于 1981 年，在产品设计的历史上，享有许多专利。狼爪的产品特色强调最佳功能与最高舒适性，针对不同的户外活动与使用者，设计出适合各种气候变化的多元产品设计。

狼爪专卖店在德国各个城镇皆可见到，产品涵括户外服装、装备与鞋款等，提供登山、健行、跑步、单骑、露营、攀岩、泛舟、滑冰等各项活动所需的配件。

Jack Wolfskin |
www.jackwolfskin.com

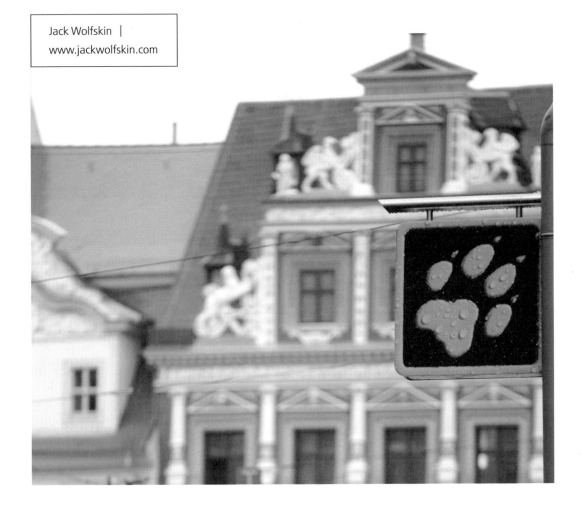

● 阿迪达斯与彪马（adidas & PUMA）

阿迪达斯是改写运动史的重要角色，品牌商标的三条线具有保护运动员足部免受运动伤害的实质机能。"adidas"的名称是由创办人阿迪·达斯勒（Adi Dassler）名字的缩写而来。来自纽伦堡附近黑措根奥拉赫（Herzogenaurach）小镇的达斯勒，1920年发明了世界上第一双运动鞋，1925年发明了第一双带金属钉的足球鞋与田径鞋，接下来几十年，不断研发适合各类运动的鞋类与服饰，拥有超过700种的专利权。1954年，德国队首次赢得世界杯冠军，穿的就是阿迪达斯这双能对抗湿滑草地的足球钉鞋，从此打响该品牌知名度，独霸足球体坛至今。

达斯勒家族还有另一号响当当的人物，那就是德国另一知名运动用品品牌"彪马"（PUMA）的创始人鲁道夫·达斯勒（Rudolph Dassler）。鲁道夫原与弟弟阿迪·达斯勒合组达斯勒兄弟公司，生产运动鞋，后来阿迪·达斯勒自立为阿迪达斯，兄弟俩从此分道扬镳。

adidas ｜ www.adidas.com
PUMA ｜ www.puma.com

ONLY WHEN YOU HAVE A TRUE FEEL FOR THE BALL CAN YOU TRULY MAKE IT DO WHAT YOU WANT

adidas Taiwan 提供

A

B

A｜阿迪达斯是世界足坛最常见的运动品牌，有许多足球明星代言。此款即为意大利 AC 米兰队的巴西球星卡卡代言的鞋款

B｜彪马与阿迪达斯的产品方向相同，以运动鞋、运动服饰为主

● 勃肯鞋（Birkenstock）

起源于 1774 年的勃肯鞋，已有超过 230 年的历史，创始者是约翰·亚当·比肯施托克（Johann Adam Birkenstock）。品牌设计哲学是运用自然原理，让足部自然舒适，强调可以因应不同脚型，设计出不同宽度的鞋底。

从 1896 年制造鞋垫的商号开始，1915 年大战期间为受伤士兵制造整形鞋与复健医疗鞋，而受到专业医疗的认证。1925 年工厂扩建，鞋子供不应求，制鞋工人需要日夜轮班。1932 年开始设立勃肯课程，训练专业人员制作医疗用鞋。1966 年开发出自动上色足迹纸，顾客不用临店试穿，只要将脚底踩在足迹纸上，就可以将尺寸印记在纸上，借由邮购买到适合尺寸的鞋，也为公司赚进大笔生意。工厂制程也在专业机器研发之下，开发出更多元的产品，也拥有多种专利，现在除了勃肯鞋之外，另有 Tatami、Footpribts、Birki's、Betula、Papillio 等副牌。

1967 年，一位美国人到德国，发现了舒适健康的勃肯鞋之后，将其引进美国，从此打开了国际市场。20 世纪 80 年代，勃肯鞋在医疗界很流行，许多外科医生与护士在工作时，也都穿着勃肯鞋。20 世纪 90 年代在美国，穿着勃肯鞋是自由主义与大学生的代表形象。

勃肯鞋是德国人的居家拖鞋，在德国甚少见到德国人穿着这样的鞋子出门；而出了德国，勃肯鞋包装成了流行商品，是个非常特殊的现象。

目前德国境内有 10 家工厂，仍坚持德国制造，以保障德国人就业机会。老字号的勃肯鞋近年来的品牌营运也强调友善环境的制程与材料，例如制程中采用高成本的环境友善黏胶与新式机器，让制作成本提高了将近一倍，不过厂方认为只要可以大幅降低对环境的冲击都非常值得投资；另外，厂方自行设置〝热电整合系统〞（CHP 系统，即利用再生低污染的生化燃油自行发电，不依赖国家网络的电能，机组所产生的热直接回收至工厂内的暖气系统），通风系统亦装设热能补偿系统，让冰冷的新鲜空气在预热之后导入工厂换气，大幅减低因换气所产生的热能流失。还有废气净化装置，让可贵的热能可以再度回收使用，例如将发电产生的热用来干燥软木鞋底等，这些装置能减少厂房 90% 以上的耗能。

另外根据统计，德国人平均每隔两个半月就会丢掉一双鞋，每年约丢掉 4 亿双鞋，无疑是种浪费与环境负担。因此勃肯鞋强调可以修复，因为减少垃圾就是力行环保，延长鞋子的使用年限，也是品牌的经营哲学。

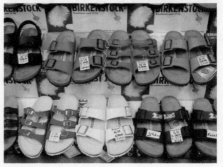

Birkenstock |
www.birkenstock.de

● trippen

　　来自柏林的年轻品牌 trippen，以设计闻名，得过无数设计大奖，创新的设计强调人体工学，拥有经典流行的外观，舒适的内里，更有许多突破传统的鞋款设计。它颠覆了鞋业传统，认为鞋子可以具有现代感，可以友善环境、永续经营，品牌也要具有社会责任，当然也需要获利，坚持不采用低品质的大量制造。

　　trippen 强调它的鞋子以流行时尚为前提，但是却能不被快速替换，因此有经典设计的鞋款，以一定的型与设计原则为基础，变换出许多不同的造型。因为经典设计不会被后来的新款式取代，对设计师而言是很大的挑战。

　　这个 1992 年成立的品牌，1995 年在柏林开设旗舰店，之后成功打进国际市场，在许多国家都有分店与经销点。友善环境是该品牌的必要考量，坚持只在德国与意大利生产，鞋子的每个零件都可以更换，以延长使用年限。社会责任也是另一个考量重点，除了柏林的工厂之外，委托意大利的小型传统工厂代工，使用当地材料、当地劳工，减少制作运输的距离，也尽量采用双重缝合，减少黏胶使用，也让后续的维修与回收更便捷。

　　走进位于柏林哈克庭院的 trippen 店面，四周的白墙，搭配后现代的灯具、古董家具与赤陶地板，宛如艺术展览空间，让每双鞋都成了艺术品。

trippen ｜ www.trippen.com

以食为天

每个国家的饮食文化，都反映出自己的民族性格，德国亦同。客居德国期间，常有机会逛超市，而且是不同等级的超市，也常有机会逛假日市集，逛传统市场，或是在德国境内旅行，品尝各地的地方风味，或是到德国人家做客，看朋友如何烹调食物，这些都是认识德国饮食的机会。

德国啤酒馆的招牌。通常他们会将店内贩售的啤酒品牌商标挂在上面，图中是德国有名的艾丁格（ERDINGER）啤酒

A

B

C

德国饮食充分表现了务实的民族精神，多半是粗饱的料理，东方女性常惊讶于餐厅端出来的分量，像是德国猪脚和肉类料理。说到猪脚，德国人也有猪脚情节，北德人吃水煮猪脚，南德人则坚持烤猪脚。

德国真正是吃猪肉的民族，从其花样百变的德国香肠（Wurst），就可得知。超市里的香肠口味繁多，传统市场的香肠摊众，一天品尝一种，一年都尝不完。的确有不少让人怀念的口味，例如纽伦堡的小香肠、图林根的大香肠、慕尼黑的白香肠，都有特别的口感。不过，每每见到德国人从超市结账后，拿出真空包的香肠直接啃食，还真让人无法忍受。

德国另有一种全民流行的食物"Döner"，土耳其式的旋转烤肉堡，在德国的大街小巷、大城小镇里，一定能发现几家这样的饮食店，从清早营业到半夜。根据统计，Döner每年在德国的营业额，远远超过麦当劳汉堡，可见其普及程度。这是过去大量土耳其移民所带来的食物，经济又实惠，已经成为德国的平民美食。

另外，面包店、饮食摊、餐厅、啤酒屋等地方则常见到扭结饼（Brezel），或称8字饼，是一种铺上粗盐的卷面包，当日新鲜的口感极佳。记得在慕尼黑酒馆，不时有侍者胸前背着一大篮扭结饼沿桌兜售，配上啤酒，就足够饱餐一顿。

在德国生活，也一定要学会品尝黑面包，切记要新鲜烘焙的才好吃。吃饭时间，常见德国主妇出门到面包店买块新鲜黑面包，就像法国人买棍子面包、英国人买土司一样普遍，这类东西就如我们吃米饭一样重要，是餐桌上绝不能少的。

看似贫乏的德国饮食，其实也颇具当地风味与特色，值得特别介绍。

A｜巴伐利亚菲森（Füssen）地区的烤猪脚　B｜Döner
C｜扭结饼　D｜德国超市里的香肠柜

D

德国啤酒种类繁多，此图仅是法兰根地区的啤酒品牌

A｜慕尼黑最知名的 HB 啤酒馆。皇家啤酒坊（Hofbräuhaus），曾是巴伐利亚皇室的酿酒厂，这里只贩售自己酿造的啤酒，据说希特勒当年曾经在此酒馆里高喊革命，现在美国、澳洲、瑞典、意大利等国家都有分店

B｜德国人最常光顾的啤酒花园

C｜不来梅的贝克无酒精啤酒遇上德国香肠

● 德国啤酒

德国啤酒是德国文化中很重要的部分，没了啤酒的德国人，可能会让生活失衡。

啤酒文化在德国境内各有千秋，酿造方法不一，南德与北德的人甚至还有啤酒情节，坚持自己的啤酒才是上选，也有因为啤酒厂的种族意识，让许多人不买某种品牌的啤酒。跟德国人聊天，常可听到各种有趣的啤酒故事。

德国境内有一千三百多家啤酒厂，遵守严格的啤酒酿造规定，产出超过 5000 种不同口味的高品质啤酒，而国内的啤酒消耗量仅次于捷克与爱尔兰。

德国啤酒的酒精浓度不一，有浓有淡，从 4.7％到 5.4％，也有高达 12％或是无酒精的啤酒。德国在 1516 年即立法要求啤酒的纯度与成分，当时酿造啤酒只允许以水、啤酒花、大麦麦芽为原料，之后又加入了酵母，世界上许多国家关于啤酒的法规都依据德国的规则来订定。

弗赖堡一家啤酒厂自营啤酒餐厅内部的啤酒桶

A

B

C

A｜啤酒酒馆中设计给常客使用的杯子锁架。常客可以使用自己的酒杯，锁在柜里，下次来再取用

B｜南德慕尼黑的传统加盖啤酒杯。有瓷、陶、白腊、银、玻璃等材质制成，传统加盖的酒杯现在是观光客的最爱，具有纪念价值

C｜德国啤酒馆与餐厅。夏日多半会在餐厅外头搭起帐篷，提供户外座，篷架上也会秀出该餐厅提供的啤酒品牌

　　北德与南德的啤酒厂经营形态不同，北德以较大的啤酒品牌闻名，例如贝克（Beck's）、科隆巴赫（Krombacher），而南德则有许多强调当地的啤酒品牌，其中巴伐利亚的班贝格（Bamberg）是啤酒酿制厂密度最高的地区，这里另有一种特殊的熏啤酒 Rauchbier，偏深褐色的啤酒，加入了烟熏过的香味，是我偏爱的德国啤酒。德国最老的啤酒厂是 1040 年的 Benedictine abbey Weihenstephan。德国每个地区都有自己风味的啤酒，除了超市、商店里的大厂牌之外，在德国各地旅行，千万别错过了品尝不同风味的啤酒，每个大城小镇都会有的啤酒花园（Biergarten），就是喝啤酒的好地方。

　　1810 年即开始的南德慕尼黑啤酒节（Oktoberfest），是世界上最知名的啤酒嘉年华，每年的九月底到十月初的第一个周日，为期 16 天疯狂的饮酒派对。每一年总是吸引全世界几百万人来此饮酒作乐，会场上搭起了无数的白色大斗篷，斗篷中的饮酒客围坐在长桌旁，跟着认识与不认识的朋友一起饮酒欢闹，场地外还有各种游乐设施与摊贩，当然，这里只提供慕尼黑的啤酒。

A

B

C

A｜弗赖堡旧城里的示范葡萄园，园里种植各种品种的葡萄
B｜莱茵河河谷沿岸的吕德斯海姆（Rüdesheimer），非常著名的葡萄酒产区，此地有许多酒庄与酒馆
C｜德国 Riesling 白酒

● 德国白酒

德国超过八成的葡萄园种植的都是白葡萄，因为气候的关系，限制了红葡萄的种植，也因此德国的葡萄酒产区都集中在西南边比较温暖的区域，尤其是沿着莱茵河的沿岸地区。

德国的白酒中，以 Riesling 为最。Riesling 是一种酿造白葡萄酒的优良葡萄品种，适合生长在气候凉爽的地区，这是一种非常古老的葡萄品种，1435 年就有非正式记载，是莱茵河上游谷地的品种，1552 年开始有正式记载。Riesling 一般的采收季节是 9 月底到 11 月底，而品质更好的 late harvest Riesling 则要等到隔年 1 月才能采收，让葡萄在大地中经过自然气候发霉干缩而成。Riesling 白酒于 18 世纪在约翰尼斯（Schloss Johannisberg）城堡开始，

得到 Fulda 修道院的允许，制造这种高甜度、高香味的德国白酒。

Riesling 是一种口味多变的白酒，口感浓郁的酸度与甜度，反映出当地的地形与气候，有甜的、有不甜的、有果香的、有花香的，酒精浓度也有所区别。这是一款适合夏天饮用的酒，颜色透明，酒精量低，比较甜，没有橡木桶的味道。

Riesling 最主要的产区在摩泽尔河（Mosel）与莱茵河一带，瓶身包装采用瘦高细长型的酒瓶，摩泽尔河用的是绿色瓶装，莱茵河则是棕色瓶装。

LEIBNIZ 经典造型就是四周的 52 个锯齿，饼干设计已列
入 "Monument of German Design" 的经典之一

LEIBNIZ 现在已研发出各种不同口味的饼干

Bahlsen | www.bahlsen.de

● 奶油饼干

赫尔曼·巴尔森（Hermann Bahlsen）于 1891 年在汉诺威创造了这块饼干的经典造型，也创造了"Keks"这个德文字，因为这块饼干的名字就叫做"Leibniz-Keks"，是从英文的"cake"而来，但其实是指 cookie 或 biscuit，也就是饼干的意思。

这块饼干的经典造型就是它的四周有 52 个锯齿状，饼干设计更是荣获"德国经典设计"（Monument of German Design）的荣誉，它的名字"Leibniz"来自汉诺威的哲学家与数学家戈特弗里德·威廉·莱布尼茨（Gottfried Wilhelm Leibniz）的名字。

在德国超市，甚至在欧洲各国的超市，常可见到架上一排又一排鲜黄色的包装，不要犹豫，买一包来尝尝香浓酥脆的好滋味，它更是一块有历史的饼干，也在德国设计史中占有一席之地。这块奶油饼干，现在已开发出不同口味，像是巧克力口味的"Choco Leibniz"也相当受欢迎。

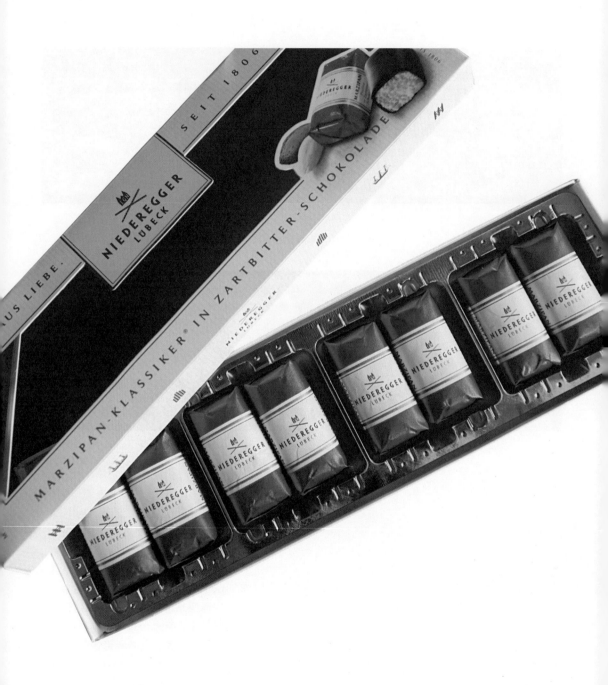

Niederegger 最经典的巧克力杏仁饼

A

B

A │ 尼德艾格有食品部，也经营咖啡馆
B │ 包装精美的各种口味杏仁饼

● 杏仁糕饼

Marzipan，一种欧洲非常普遍的杏仁糕点，但其实源自东方，口感细致柔软，十字军东征时从回教世界被带到威尼斯，然后到了西班牙、葡萄牙和德国北部沿海地区，德国则以吕贝克（Lübeck）出产的杏仁饼最有名。

14 世纪时，因为稀有，Marzipan 是欧洲贵族家中晚餐的甜点，也是致赠礼物时的昂贵珍品。后来因为糖的渐渐普及，制造甜点变得越来越普遍，杏仁糕点也开始从原来的平面造型，变成手工雕制的多元模样，常可在欧洲糕饼店看见各种可爱缤纷的造型，像是水果与动物。

吕贝克最知名的尼德艾格（Niederegger）糕饼业，就是以制作杏仁糕饼闻名于世，坚持产品的杏仁使用量超过三分之二，现在全世界都买得到它的产品。位于过去汉萨同盟城市吕贝克的本店，于 1806 年创立，已经超过 200 年历史，也成了拜访吕贝克不能错过的地方，面对着市政厅、Marien 街和 Petri 街，一年到头都生意兴

隆。现在不只卖杏仁糕饼，也开设咖啡馆，更开发出许多杏仁口味的咖啡、巧克力等饮品，在德国超市也都可见其踪影，甚至在英国超市也能买得到。

欧陆许多国家都有知名的 Marzipan 糕饼店，像是西班牙古城托莱多（Toledo）著名的商号 Santo Tomé，维也纳、匈牙利、意大利等地也都有。每个地方的杏仁糕饼配料比例不同，尝起来滋味也各异，不仅是平常的甜点，也可以当作结婚蛋糕、传统的耶诞蛋糕。

Niederegger │ www.niederegger.de

小男孩是 HARIBO 的吉祥物

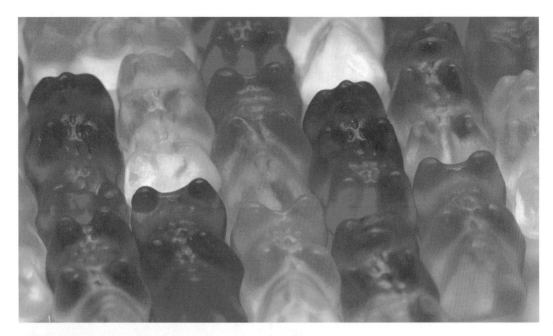

● 软糖

HARIBO 金熊软糖，是德国最知名的糖果，超市、车站、药妆店，随处都买得到，甚至住在德国旅馆，常常可在枕头上，看见迷你包装的软糖。

这是波恩（Bonn）的糖果制造商汉斯·里格尔（Hans Riegel）在 1922 年发明的软糖，HARIBO 的名字来自 Hans Riegel、Bonn 各两个字母的缩写。

1950 年经济起飞的年代，金熊软糖的造型变胖，颜色也跟着变鲜艳，现在色彩鲜艳的软糖，使用的是浓缩果汁和吉力丁凝胶。最经典的口味就是金熊软糖（Goldbears），也就是综合水果口味的软糖，非常有嚼劲的口感，是大人小孩都喜欢的 QQ 软糖。

Haribo 是世界上最大的软糖制造商，有个非常著名的广告标语："Haribo makes Kids happy / and adults too."（金熊软糖让大人小孩都开心。）而根据 2003 到 2005 年，欧洲一项品牌信赖的调查研究，HARIBO 是欧洲糖果业最被信赖的品牌。

HARIBO | www.haribo.com

Chapter5
Made in Germany

建筑的德国 │ 建筑的历史轴线

现代主义滥觞 | 包豪斯

七月下旬的周末，从卡塞尔高铁车站搭上从科隆（Köln）方向来的 ICE，几乎客满的列车，因为这条往东德的铁道不够笔直，车速又慢又颠，挥别了一整车继续往德累斯顿的老人，我们在小巧的魏玛车站下车。

● 魏玛

魏玛（Weimar），德文发音类似〝歪码〞，东德的气氛，经过十几年统一之后，还是与西德有明显的分际，房子旧旧的、月台破破的。在车站里的游客中心要了一份地图，好心的姑娘在语言不通的比手画脚中，建议我们还是不要买魏玛旅游卡，说那对我们不划算，然后指示我们搭上公车来到市中心的歌德广场。

在老城里，走过了一条又一条的街巷，追寻了不熟悉的歌德与席勒的脚步，看着博物馆与商店里贩卖着两位大文豪的纪念品与印刷品。

A

B

这是个文化、艺术、民主都曾高度发展的地方，老城看得出来是个富裕的城镇，气氛浓厚、气质高雅的书店与咖啡馆很多。

魏玛，不仅是个城镇，这个名词也代表着希特勒统治前，德国政治舞台上一颗璀璨的明星，短暂的 15 年时光形塑了影响后世的魏玛文化传奇。从这里发芽的艺术、文学、思想，更在全世界发光发热。因此，她是少数同时拥有两个世界文化遗产光环的城镇，除了包豪斯建筑外，魏玛老城本身也是另一个世界文化遗产。

游历魏玛，需要怀着三种截然不同的心境：第一种是让自己徜徉于古典的魏玛历史当中，让歌德、席勒带着你，走过一座座精致的巴洛克建筑，富丽的教堂、皇宫、图书馆、公园、墓园等历史建筑，一共有 11 处被列为世界

图林根香肠与烤猪肉，配上马铃薯泥和炸马铃薯

C

文化遗产；第二种是让自己变成建筑人，追寻着包豪斯最开始的立基点，然后进入博物馆欣赏大师们留下的珍贵手稿与设计；第三种则是把场景拉到魏玛郊区，见识纳粹暴政所留下的布痕瓦尔德（Buchenwald）集中营。因此，需要随时转换好自己的心情，好迎接这三种全然不同的视觉感受。

旅途之外，也别忘了品尝一下当地的图林根料理与啤酒，依着旅游书找到一家当地啤酒厂"Kostritzer"所经营的餐馆，巷弄里一栋黑白木构造的建筑很醒目，中午用餐时间早已过了许久，艳阳天的大伞底下，只有两位客人喝着啤酒。我们进入凉快的屋里，点了图林根香肠与烤猪肉，配上马铃薯泥和炸马铃薯，再来一杯沁凉的黑啤酒，让人有尝到德国美食的满足感，只是口味对我来说，仍是重了点。

接着，继续参观包豪斯博物馆（Bauhaus Museum），学生票很合理的只要 3.5 欧元，内部不能摄影，身上所有额外的东西都得寄存，参观博物馆与艺廊最感冒的就是被要求寄物，摄影包里价值连城的器材与攸关自己身份的护照，得被丢进一个不能保证遗失的柜子里，也没办法，就丢进去吧。

跟了很像共产党党员的阿桑买了门票，进入规模不大、通风不良的博物馆，挥汗游走在包豪斯艺术先驱与学生们于 1919—1925 年期间，留下来的绘画、建筑图、模型、家具、档案等五百多件作品当中。

博物馆位于歌剧院广场边，与歌剧院前两尊醒目的歌德、席勒像面对面，黑压压的铜像前有两个衣着鲜艳的小女孩玩得很开心，一直对着我们和手上的相机说话。德国大文豪席勒与歌德，是该城最重要的人物，欧洲是

A｜18 世纪末 19 世纪初，位于图林根的小城魏玛，见证了影响后世深远的文化发展，吸引不少人文学者前来，其中以歌德、席勒最负盛名，魏玛也因而留下许多古典的公园与宫殿建筑，于 1998 年列入世界文化遗产

B｜歌德与席勒是魏玛最具代表的两位伟大文人，他们的铜像就立在歌剧院广场

C｜当地啤酒厂"Kostritzer"所经营的餐馆，提供图林根美味料理

个重视"个人"的地方，追念着伟人名人的踪迹，是很平常的一件事，而几百年前他们所居住的房舍也就这么被一一保留下来。席勒之家建于 1777 年，席勒于 1802 年买下，住到 1805 年辞世，1826 年妻子夏绿蒂死后卖掉，至 1847 年当地政府买下它，成立魏玛诗人纪念处，纪念这位伟大的诗人。而歌德之家则是 1709 年所盖的巴洛克式建筑，歌德于 1782—1832 年间居住在此，1886 年即开放给民众参观，以兹纪念。

A

●包豪斯在魏玛

包豪斯（Bauhaus），现代主义建筑的原型，也是影响 20 世纪建筑革新运动的关键，了解德国建筑、了解现代建筑，从这里出发，是一种象征。

1996 年，联合国教科文组织（UNESCO）将魏玛和德绍（Dessau）两个城市的包豪斯建筑一同列入世界文化遗产，名为魏玛和德绍的包豪斯建筑及其遗址（Bauhaus and its Sites in Weimar and Dessau），显示其对世界的影响甚巨，这里代表了 1919—1933 年间，建筑与都市规划在历史上重要的一页。这些建筑物与这股风气，由包豪斯的老师与艺术家们，包含格罗皮乌斯、汉内斯·迈耶（Hannes Meyer）、莫何里纳吉（László Moholy-Nagy）、康定斯基（Wassily Kandinsky）、保罗·克利（Paul Klee）、密斯·凡德罗等人，创立了包豪斯，也奠基了 20 世纪建筑风格的典型。

C

A ｜歌德之家与博物馆，优雅的巴洛克建筑
B ｜包豪斯在魏玛
C ｜位于歌剧院广场边的包豪斯博物馆，收藏许多包豪斯发展初期的珍贵史料
D ｜除了包豪斯博物馆，在魏玛另有三栋与包豪斯相关的建筑，也列入世界文化遗产

B

除了包豪斯博物馆，在魏玛另有三栋与包豪斯相关的建筑，也列入世界文化遗产。1999 年经过修复后重新开放的"The Haus am Horn"，位于城区公园北侧的建筑，是 1923 年所建的实验性住宅设计，也是包豪斯在魏玛的唯一建筑，为了当年包豪斯展览而建，由格奥尔格·穆赫（Georg Muche）设计。这栋建筑也被视为是 20 世纪建筑原型的范本，融合了包豪斯的精神、作品与艺术。

而包豪斯学校的前身之一魏玛市立工艺学校（The former School of Fine Arts）是 1904 年由比利时建筑师威尔德（Henry van de Velde）所规划的艺术学校，这栋建筑是德国境内新艺术风格的代表之一。1919 年包豪斯领导人格罗皮乌斯，将其与魏玛艺术与工艺学校（The former Arts and Crafts School）合并，成了国立包豪斯（Staatliche Bauhaus）艺术学校所在，包豪斯以此为据点，开始训练艺术家、雕刻家、建筑师等成为跨领域的创意设计者。大师们在建筑物上创作了几何浮雕与壁画，表现圆形、方形、三角形三元素，也表现蓝、红、黄三元色，可惜于 1928 年这些墙上的艺术被以白漆粉刷覆盖。现在魏玛艺术与工艺学校建筑中独特的楼梯间里，可以见到 1976 年与 1980 年再次被艺术家奥斯卡·施莱默（Oskar Schlemmer）重塑回来的壁画。

出生于柏林的格罗皮乌斯（Walter Gropius，1883—1969），是包豪斯的领导人，在魏玛创立包豪斯，历经搬迁至德绍。1928 年离开包豪斯，1934 年搬到伦敦，1937 年赴美国哈佛建筑系任教，将包豪斯的精神与理念，在美国的建筑教育中发光发热，进而影响全世界。

魏玛，是包豪斯奠基的时期，转到德绍之后，才开始真正发扬光大。2009 年是包豪斯在魏玛的 90 周年纪念，将推出一系列的特展。

D

A

A｜包豪斯建筑最经典的代表图像就是这栋以玻璃、钢筋、混凝土建造的现代建筑，也是现代主义的符号
B｜包豪斯所在的街道，命名为包豪斯街
C｜包豪斯建筑外墙，强烈的现代主义风格
D｜包豪斯建筑一楼的大厅，有咨询柜台、展览、商店，还有几张 Wassily Chair

● 德绍

　　约一个月后，我们来到了德绍，追寻包豪斯的另一页。

　　从卡塞尔转了好几次车，终于来到小小的、空荡荡的德绍火车站。车站里完全没有关于包豪斯的指示与地图，还好行前去信索取了相关资讯，包豪斯建筑就在车站后一条街的距离，步行约 5 分钟。与魏玛一样，德绍也是个拥有双重世界文化遗产的城市，除了 1996 年的包豪斯建筑及大师之家（The Bauhaus Building and the Masters' Houses），另一个是 2000 年指定的德绍—沃利茨皇家园林（The Dessau Wörlitz Garden Realm）。

B

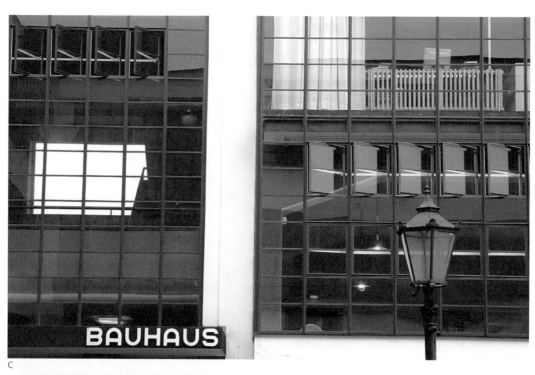

C

D

● 包豪斯建筑

位于德绍的包豪斯建筑（Bauhaus Building），是包豪斯的正字标记，每年有 8 万名来自世界各地的访客。我们首先绕行建筑外观，遇见一对夫妻带着一名五岁左右的小男孩，爸爸的口音猜测是美国人，背了好几台传统底片机，一边用测光表慢条斯理地测光，一边跟拿着 Nikon 数码单眼的年轻人攀谈，说他还是喜欢底片的感觉。妈妈则是德国人，也带着一台数码相机随意拍，不过多数时候，她得照顾小男孩，能带小朋友到这样的地方旅行真不简单，还特地给他准备了一台电玩，让他坐在布劳耶（Marcel Breuer）设计的瓦西里椅（Wassily Chair）上玩电动，等着爸爸拍照回来。偶尔，小男孩也会在建筑物里跑来跑去，爸爸总是很有礼貌地要他别挡了我的镜头，其实，我很想取一张小男孩在包豪斯里的画面。

包豪斯建筑呈现的现代主义线条

包豪斯建筑物免费参观，可惜当天只有德文导览团，英文团需提早预定，我们按图索骥，自己在建筑物里上上下下、里里外外移动，探看这栋现代主义风格的祖先，方正、简洁、干净、讲究的每一个空间，尤其那些门把、窗户、灯具等配件都值得放大细看。每层楼的楼梯间，摆了四张黑色的瓦西里椅，走累了，就坐下来休息，然后也看看别人怎么看这栋建筑。

大面玻璃帷幕的"workshop wing"，也是现代主义图像最经典的代表；有座人行桥梁功能的空间，连接着"technical school block"和"workshop wing"之间，另有工作室空间（atelier building），还有一层楼的建筑作为福利社、剧院和演讲厅之用。

包豪斯从魏玛来到德绍之后，尝试许多新的建筑样式，首先就是包豪斯建筑本身。这栋建筑于 1925—1926 年之间由格罗皮乌斯主导设计，使用大量的玻璃、钢铁、混凝土等现代建材，强调包豪斯精神"形随机能而生"的设计理念，符合学校建筑的使用需求，也充分展现设计哲学。因而被认为是"现代主义的图像"与"包豪斯理念的宣告"，更是 20 世纪建筑史的一大革新。

除了参观建筑物本身，也别忘了到地下室的包豪斯商店，那里有关于设计的各类出版品与设计商品，当然也可以到包豪斯俱乐部，坐在包豪斯的空间里，喝一杯咖啡，当作是参观的句点。

1932 年，纳粹政权又再次强迫德绍的包豪斯关闭，结束了在德绍短暂的 7 年岁月，建筑物也在战争中严重损毁。1933 年，包豪斯在柏林被迫解散，但是

现代主义风格的几何线条与纯机能设计，摒除无谓的装饰

它已经在国际间站稳地位，它的概念在发展与转译的过程中逐渐流传开来。1945 年被盟军轰炸之后，建筑的钢铁与玻璃几乎全毁，之后的岁月经过多次修改与介入，著名的玻璃帷幕曾一度被砖墙填满，一直到 1960 年才又恢复铁窗与玻璃。1976 年开始重建工作，这个计划被视为是现代主义的考古，关于建筑物的科技、营建、材料，甚至是颜色，都慎重地探究，原始的设计逐渐修复，这个过程不仅探索原有的包豪斯，也借由建筑物调查来反射 20 世纪的文化与社会。

格罗皮乌斯在德绍的包豪斯仅短短三年，成为他生命中最重要的时光，之后与密斯·凡德罗、柯比意等人，被视为是当代建筑最重要的代表人物，他的成就不仅带来新的建筑形式，也对建筑教育的改革有所贡献。

包豪斯设计学校被强迫从魏玛迁移至此，重新建立新据点，工作室、工厂、职业学校、舞台等，全都依照包豪斯的概念重新来过，创造出一股全新艺术风气与现代工业技术，在艺术、设计、建筑上，也在其特别的引导式教学上，这种结合艺术与技术的学习过程，将自己从古典训练中分离出来，进行实验性的创新。包豪斯希望学习能够"让娱乐成为乐趣，让乐趣成为工作，让工作成为娱乐"。这是个具有创造力的实验室，让设计周旋在各学科之间，期待建筑与设计能在现代工业时代中，找到新的解决方式。这所最早的当代设计学院也变成现代化运动的具体指标。

A

B

C

D

A｜包豪斯建筑中每个细节都是现代主义的源头

B｜布劳耶于 1925 年设计的椅子，这张黑色椅子原本不是设计给画家康定斯基（Wassily Kandinsky），因为康定斯基极为赞赏，又再复制一张，因而成了大家口中的瓦西里椅

C｜包豪斯建筑里的包豪斯俱乐部，提供简单的餐饮与咖啡

D｜连通两栋建筑的桥梁空间

包豪斯建筑现在为包豪斯基金会所在，肩负研究、教育、设计等重责大任

包豪斯建筑的入口门厅和楼梯间

包豪斯建筑的地下室，规划为展览空间与书店，里头有完整的包豪斯建筑与现代主义的出版品

● 包豪斯基金会

今天，包豪斯建筑由包豪斯基金会使用，负责管理包豪斯留下的文化遗产，也当成博物馆展示，更是融合设计、研究、教学的场所。这方面也和1999年成立的包豪斯学院合作，为来自世界各地的学员提供一个不同的教育机会，延伸自己的专业与文化视野。

基金会是"历史上的包豪斯"与"今日的包豪斯"一个重要的桥梁：一方面要保存、研究、传承文化遗产；一方面则要调查现今的城市发展议题，包含城市空间、建筑与设计三方面的解决之道，从人口统计学、全球化议题、科技革新的层面，探讨包豪斯精神。

基金会将自己定位成开放性质的实验室，让理论与实务紧密结合，强调所有的工作都是跨学科、跨文化。基金会的成员包含建筑师、都市规划师、社会学者、文化科学家、艺术家和艺术史学家等，研究工作立基于现代主义。而基金会的成果则反映在举办研讨会、研习会、演讲、各种形式的展览、教育活动、出版品等等。我们到访的2006年，是包豪斯迁至德绍80周年纪念，也是列入世界文化遗产10周年纪念，这一年的特展与活动很多，基金会特别设计长条形简介小册，不管是内容与美术设计都展现设计实力。

● 大师住宅

走出包豪斯建筑，接着走过了几条很安静的街道，来到一片松林中，这里有当年大师们的家，也是大师们自己设计的建筑作品，和包豪斯建筑一起列入世界文化遗产。幽静的松林位于马路边，没有明确的参观指引动线，访客需要在第一栋房子里购票，狐疑地买了3欧元的学生票，德国人对于门票这件事实在客气，总是不可思议的便宜，商店里也没有太多纪念品或解说手册贩售，这点应该多多派员来英国考察。

A

这几栋各自独立的白色建筑与包豪斯建筑同时期兴建，现在都成了博物馆，格罗皮乌斯以冷杉盖了自己的工作室与房子，另外三栋则分配给其他艺术家。建筑里有大面积的工作室，大面开窗是其特色，费宁格之家现在作为 Kurt Weill Socitey 之用，穆赫／施莱默之家作为包豪斯基金会与展览之用，康定斯基／克利之家用来展示二位艺术家的生平、文件史料、艺术特展等。

这些房子一样经过战火毁坏，20世纪50年代重建过，直到1999年再次重新修复。参观过程中，最吸引人的是旧有的家具与每个房间特别的颜色组合，有超过40种颜色用在费宁格的房子里，有170种不同的色彩浓度用在康定斯基和克利的家，在这些空间里，遥想着现代主义大师们，是如何在此创造出影响后世的艺术哲学。

B

Meisterhaussiedlung

Haus Muche / Schlemmer

Ebertallee 65/67

2000-2002 wiederhergestellt mit Unterstützung
durch die WÜSTENROT STIFTUNG.

Öffnungszeiten   Di - So   10.00 - 18.00 Uhr
                  (1. Nov.-15. Feb. 10.00 - 17.00 Uhr)
                  letzter Einlass 30min. vor Schließung

Tickets:

← Direktorenhaus Gropius   Haus Kandinsky/Klee →

Meisterhaussiedlung
Walter Gropius 1925/26

C

A ｜ 参观前需先至其中一
栋购票，再持票分别参观，
图中为格罗皮乌斯像
B.C ｜ 包豪斯艺术家们当
时的家，也是现代主义的
代表建筑，现在已开放为
展览空间

A

B

C

D

E

A.E｜大师住宅群的外观相同，内部各有其趣
B.C.D｜当时，艺术家们各自为自己的居住空间与工作室设计，除了空间配置，特别注重色彩使用

● 其他建筑

德绍城市西北边，位于易北河岸边的圆形建筑 Kornhaus，是一家餐厅与酒吧，1929 年由卡尔·费格（Carl Fieger）设计的圆形玻璃建筑，有屋顶平台和俯瞰河岸的极佳视野，包含啤酒厅、舞厅、咖啡馆、户外座位区的复合休闲空间，1996 年才又重新开放。城南边有格罗皮乌斯设计的"employment exchange"、"Steel House"、314 户提供给劳工阶层居住的低价花园住宅群"Törten Estate"等等，皆是包豪斯时期留下来的各种实验性建筑案例。

走一趟魏玛，再走一趟德绍，能稍稍满足对于现代主义的想象。

魏玛｜ www.weimar.de
包豪斯｜ www.bauhaus-dessau.de

希特勒的竞技场 ｜ 柏林奥林匹克运动场

德国，2006 FIFA 世界杯的主办国，除了跟着关心紧张沸腾的足球赛事，几栋主要球场建筑，也成了另一个被关注的焦点。分布德国各城市的 12 个主球场中，令我印象最深刻的还是当中历史最悠久，也最为简朴素雅的所谓"纳粹球场"。

位于柏林西郊的奥林匹克运动场（Olympiastadion Berlin），在 2006 世界杯期间，总共有六场比赛在此进行。最后冠亚军之争，法国队长齐达内就是在此杠上意大利队球员，随后在全球观众面前，以一记头槌，争议性地结束他辉煌的职业生涯。原本我们打着如意算盘，想在冠军赛时坐在场外看大荧幕摇旗呐喊，最后因为德签延误而错失机会，就差这么一天，不过，没有了比赛，这座当时希特勒打造的现代主义运动建筑，还是值得一探究竟。

从柏林市区出发，我俩坐上开往夏洛滕堡区（Charlottenburg）的市郊电车，约莫半小时就到达这座带有浓厚包豪斯风格的巨型运动场。简洁朴实的清水混凝土，不带任何装饰的冰冷外观，垂直水平的线条，强烈且紧密排列的结构充分展现霸气，这些都是它给我们的第一印象。周围还有几尊超大型的纳粹运动员雕像，而奥林匹克的五个圈圈标志，利落地以钢索悬在两根垂直高耸

的混凝土柱上，德意志惯有的简单明了，马上清楚界定场所的用途。球场建筑柱廊的字体，或以铸铁镂空打造，或以蚀刻于混凝土墙上，精细工整又带有艺术线条的字体也带了浓厚的现代主义风格。

1936 年，希特勒为宣扬帝国主义而建的奥运场地，指定建筑师维尔纳·马尔希（Werner March）接续他父亲奥托·马尔希（Otto March）于 1916 年为奥运而盖的未完成运动场地，当初因为第一次世界大战爆发，奥运被迫停办。

在德国大小城镇几乎被夷为平地的烽火年代，这座巨型建筑侥幸逃过一劫，仅建筑立面有部分毁损，从战后到 1994 年为止，此地都是英国军队驻扎德国的大本营，建筑物也被戏称是"纳粹的余

左图 | 从球场回望主入口
右图 | 简洁霸气的现代主义风格球场

孽"。1974 年举办世界杯时曾经过整建，两德统一之后的 1998 年，它一度成为争执的焦点，有一派人坚持全部拆毁另建新馆，另一派人则以历史的情感与营造"柏林的罗马竞技场"为诉求，力主保留并整修。最后是保守的情感派获胜，我们也才得以亲眼目睹希特勒遗孤的模样。

这一次，柏林球场整建工程由德国知名建筑师事务所，也就是设计柏林中央车站的 gmp 设计团队（Gerkan, Marg und Partner）执行。球场最特别的原始设计在于整座球场下挖 12 米深，以便让观众快速进场，gmp 除了更新基础设备之外，大部分的修改以内部空间居多，外观无明显变革，仅

在过度强调造型的当代建筑中，柏林球场的内敛简约风格，更展现球场非凡的气质，新增的透明遮雨棚，兼具造型与实用性

在观众席顶部加了一圈轻巧优雅的半透光
遮雨棚，建筑师让原有建筑物的精神完整保留，却又
让它有焕然一新的风采，也增添实用性。

　　花了三欧元门票入场参观，两个人渺小地坐在球
场中央上方的观众席，啃着硬梆梆的德国黑面包，环顾
76000 个色调淡雅的观众席，深凹的漂亮草皮球场，加
上与后方连成一气，比主球场大上好几倍的 Maifield 田
径场，一条隐约、透空但气势非凡的轴线，延伸至更远
端的圣火台。视觉的延伸感和十足的通透性，与现代金
属桁架的球场有截然不同的感受，以今天的眼光来看，
仍旧相当杰出。

Olympiastadion Berlin | www.olympiastadion-berlin.de

柏林的马赛公寓｜柯比意与柏林公寓

独钟现代主义的设计，它没有当代建筑的炫惑与亮丽，却看得出建筑师、设计师在每个细节上的讲究，不仅讲求使用功能，也重视美感设计，更是一种人性的思考，因此，尽管历经了几十年的岁月，仍旧让人忍不住赞叹。包豪斯是现代主义的指标，也是德国设计的象征，在这里可以见到各种建筑类型以包豪斯风格展现，住宅、教堂、工厂、运动场等等，而看过包豪斯之后，对于来自法国的另一位现代主义大师柯比意，当然也不容错过。

柯比意在德国的作品仅有两件，一件是斯图加特附近魏森霍夫（Weissenhof Estate）大师住宅群中的两栋住宅，另一件就是柏林的集合住宅，而这栋集合住宅也就是柯比意知名的马赛公寓的缩小版。

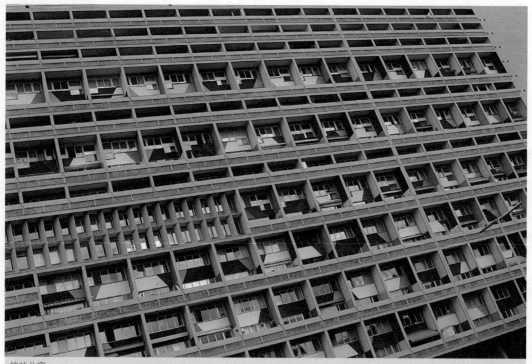

柏林公寓

● 关于柯比意

柯比意（Le Corbusier，1887—1965），现代主义建筑不能不提到的大师，原籍瑞士的柯比意，出生在法瑞边境的山区小镇，因此连瑞士法郎纸钞上都有他的图像，可见其重要性。柯比意是他的笔名，来自外祖父的姓氏，因为音似法文的乌鸦（corbeau），因此他也常以乌鸦图案来签名。

柯比意年轻时正值欧洲新艺术风格盛行之时，原本热爱绘画与雕刻的他，接受老师的建议改走建筑之路。1907年，20岁的科比意，因为一趟两个月的意大利之旅，改变了他的一生，旅途中，他将每天的所见所闻记录在旅游札记中，也描绘在素描本中，他也通过写给父母与老师的信件，反省旅途中的见闻。柯比意的建筑之路通过大量阅读、文字创作与持续旅行，不断探索自己，而他也从此再没有进入学院中。

21岁的他来到巴黎，感到无比空虚，他认为自己什么都不知道，而且也对自己的无知感到焦虑。之后，他在巴黎通过自修、旁听、参访等渠道自学建筑。1910年一趟德国之旅，1911年又历经一趟7个月的中欧、希腊、重游意大利之旅，旅行中他随身携带笔记本，不断记录、反省、观察，一生中一共写下了八十几本手札。

1917年之后他离开家乡，移居巴黎，鼓吹纯粹主义，创办杂志，1920年开始以柯比意为笔名在杂志上发表文章。他认为建筑师有其社会责任，郊区的那些独门独院住宅，缺乏公共设施，消耗大量空间，延长交通距离，因而开始构思经济型的建筑计划。1930年后他入籍法国。

● 马赛公寓

1945—1952年，战后的法国政府为了解决严重的住屋问题，计划兴建大批住宅，柯比意受托在马赛设计一栋大规模集合住宅。这样的概念对柯比意来说不算新，他已经研究、阐述这个理论25年，终于有机会具体实现，更有世界各地来的年轻建筑师，协助他一起完成，因为排斥学院学习的他，不愿意进入学院教书，因而有许多人来事务所拜师。

马赛公寓的设计中，他提出四项重点：实验住宅观念、实际营造技术、社会福利研究、都市规划革新。他想要证明在同一栋建筑物中，可同时满足个人和群体的需求，这个灵感即源自1907年第一趟意大利旅行，在佛罗伦萨近郊参观一栋修道院的经验。

马赛集合住宅（The Unité d'Habitation at Marseille）以钢筋混凝土为结构，从营建技术、住宅形式、都市规划三个角度来看，是个成功的例子，但是公共服务与机能则几乎停摆。革命性的概念与设计在当时也饱受各方评论，这里代表的不仅是建筑上的问题，也是人类新生活的实验，对于都市大楼本身的建筑概念、住宅观、住宅设备、居住形式等等都是重大革新。

● 人形模矩

1943 年，柯比意发展出一套和谐尺度量表，因为人体尺寸形成比例，比例赋予秩序，而设计就是要调和人与周遭环境的关系。1947 年正式称之为模矩（modulor），也是柯比意最重要的符号，马赛公寓大小适中的集合住宅单元中，每个房间的尺寸和家具设备都依此比例设计，而马赛公寓外墙上，也可见到此人形模矩。

以柯比意概念发展的集合住宅设计，在法国其他城市南特（Nantes）、勃利耶（Briey）、菲尔米尼（Firminy）也可见到。英国设菲尔德有一区 Park Hill 的设计理念也来自科比意的集合住宅概念，只是这群廉价的国宅因为住户复杂又管理不当，成了都市规划的难题，不过因为建筑物的设计与技术，让它列入保存建筑，设菲尔德市政府已经拟定全面更新此区，希望能给这栋也属现代主义的集合住宅全新的风貌。

● 柏林公寓

1956—1958 年，德国柏林也继之而起，当局想要一栋社会福利的建筑，委请柯比意设计，于是有了这栋几乎是马赛公寓缩小版的柏林公寓。

柏林公寓位于柏林西郊夏洛滕堡区，比邻柏林奥林匹克运动场。其实，找到这栋建筑纯属偶然，行前只知道柏林公寓位于夏洛滕堡一带，不知确切位置，从柏林市中心搭上轻轨，来到新颖的奥林匹克运动场车站，火车一进站，窗外左边突然出现了这栋意料之外的建筑。

从车站走出来，左转就是集合住宅，循着外围的绿带走进去，前方是开放式停车场，草地上有一对男女面对着公寓，在树荫下野餐。公寓的彩色阳台，让一大堵墙变得活泼有趣，线条看似简单，却也细致，小小的入口处旁，有柯比意最鲜明的印记"人形模矩"，这些混凝土雕塑的凹凸造型，很简单却很有张力。

我们的旅途中，与柯比意相遇了三回，第一次就是柏林公寓，第二次是朗香教堂（Notre Dame du Haut），第三次则是 2006 年底刚刚完工的菲尔米尼教堂（Saint Pierre, Firminy）；一座柯比意生前未完成的作品，每一次的感受都不同，而每一次都让人感动。

A.B.C ｜ 柯比意的
人形模矩，是他空
间设计的比例参考
来源

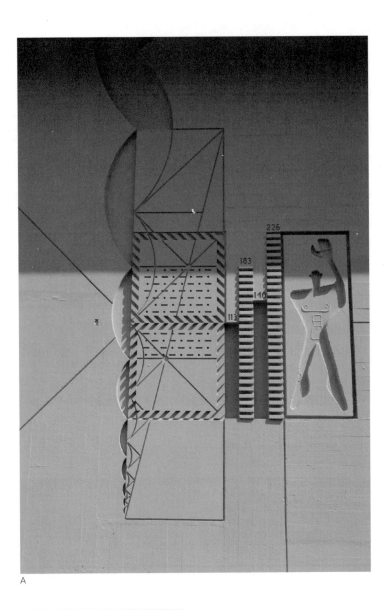

A

B

C

A

D

A.B.C ｜柯比意的柏林公寓
D ｜一楼大厅电梯旁标示着大
楼住户的名字
E ｜柏林公寓阳台的细部设计

B

C

E

当历史成为枷锁

现在的柏林，俨然是个犹太的纪念地、纳粹的赎罪处，充斥着纪念碑、纪念物、纪念性建筑，这类建筑被归类为讯息建筑，设计手法常以虚空间的方式表现。虚空间充满各种可能性，可以解释成各种意涵，以最少的建筑元素、最简单的材料，以若隐若现的正面手法或是负面的嘲讽方式，表现建筑诗意与传达讯息。柏林，因为历史，因为战争，统一后成了充满虚空间的城市，贴满了各种建筑记号。

柏林的国会大厦广场边，有排黑色铸铁，像一道抹不掉的伤痕烙印在此，仔细一看，每一片板件上，都刻画着人名与年代。原来，这是希特勒另一项残忍的见证，1933 年魏玛共和结束，他处决了反对党的 96 名国会议员。现在这里阵列了 96 块铸铁，名为"1933 年国会议员纪念碑"（Reichstag members 1933 memorial），代表着墓碑，以兹悼念，狠狠地刻画在新国会前，时时刻刻提醒着德国人。

而这样的发展，真的就有益地球和平吗？或者真的给人类更多警惕吗？在柏林、在德国仍有很多不同的声音。有时候想想，这一代的德国人，如此不堪地背负着沉重的包袱，赎罪的纪念物充斥着整个柏林，走到每个角落，不管愿不愿意都得面对，这样，真的好吗？

柏林因为历史与战争，统一后成了充满虚空间的城市，
各式历史纪念物也充斥整个城市

国会大厦前 96 片铸铁纪念碑，代表 1933 年遭纳粹处决的 96 名国会议员

都是为了这道墙 | 柏林围墙纪念

一早，在波茨坦车站里买了好吃的新鲜面包，去了广场边新开的星巴克，简单解决早餐后，这一天就从波茨坦广场（Potsdamer Platz）上的几片柏林围墙开始吧。

● 柏林围墙

波茨坦广场的围墙遗址和国会后方地上的围墙遗址，以一种和谐的尝试与展示，出现在柏林市中心。设计师用铜条和鹅卵石重新刻画这道历史伤痕，清楚告诉世人，这里就是过去围墙的所在，若有似无地存在着，横过波茨坦广场与柏油路面。

拆掉的围墙，现在在许多地点又可重新见到，市府搬来几块斑驳的水泥墙，与后方新颖现代的国铁塔（DB Bahn Tower）和索尼中心（Sony Centre）有着强烈的对比，加上一些图文并茂的解说，绝对符合广场上人来人往的观光客需求，但就不知道柏林人自己是如何看待。十几年前边界打开至今，走访东西德两边还是可以看见社会上和精神上的不同，过去的创伤，表面上似乎平复了不少，其实仍旧深深存在于社会底层。柏林围墙一方面代表个别纪念在德国一分为二时的每一位受难者；另一方面，当初的分隔线造成的边界，也是整个德国历史中值得书写的一段。因此激起了许多人的好奇，探索观察这一道分隔的遗迹。

A

1989 年，围墙突然被推倒，在当时，那是值得庆祝的政治活动，接着唤醒了德国统一，进行的不只是政治和经济上的统一，更希望加速分裂已久的柏林市统一。特别突显几个地方的建设，例如巴黎广场（Pariser Platz）和波茨坦广场，统一后的发展就是不断增加新建筑。而阻隔的围墙当然迅速被夷平，刚开始，只有少数政治人物和知识分子认为围墙值得保留，最后，除了少数的碎片之外，边界几乎完全消失。在短短几年内，只剩下三个比较完整的区段留下，一个是东区画廊（East Side Gallery），一个是柏恩瑙街（Bernauer Strasse），一个是"恐怖刑场"（Topography of Terror）。

B

C

D

A ｜ 从勃兰登堡门前一直延伸到河岸边建筑群的柏林围墙遗址，以不同的铺面标示它过往的存在

B.C.D ｜ 波茨坦广场搬来了几块斑驳的围墙，突兀地站在新颖建筑群中，图文并茂地向游客说着过往的历史

E ｜ 波茨坦广场上重新铺设的围墙遗址，划过人行道与柏油路面，再次提醒世人围墙的所在位置

E

东区画廊保留了 1.3 公里的围墙，现在是最热门的观光景点之一，艺术家在围墙的东西两面留下满满的政治讽刺涂鸦，让围墙不再是干枯的水泥墙，一旁甚至还出现了贩卖纪念品的小贩。

东区画廊是柏林保留最完整的一段围墙，现在已经被涂鸦艺术家以各种讽刺漫画彩绘成一道热门的观光景点

A　　　　B

C

　　柏恩瑙街是重新整理过的围墙，刻意模拟了分裂的年代，人们如何从围墙的孔隙中窥探彼此，参观者也可以贴近往里面看。这一带的东西柏林，仍可以清楚辨识，两边的建筑物差异很大，经过了十几年的历史，仍是一边新一边旧。这个柏林围墙纪念地（Das Denkmal），于1998年由斯图加特的建筑师科尔霍夫（Kohlhoff and Kohlhoff）设计，保留了原有围墙的轨迹，又以全新的艺术方式呈现，围墙的边界被稍微延伸，然后重砌，旧有的轨迹刻意用了一条线显示，围墙与死亡线仅一线之隔。

　　"恐怖刑场"是过去纳粹暴政的刑场，一个让人听闻就害怕的纪念遗址，现在也保留了一段围墙，与一个露天开放式的展览艺廊。

A | 从柏林围墙档案馆的高塔俯瞰围墙纪念地
B | 柏恩瑙街斑驳的围墙
C | 参观者通过刻意安排的孔隙窥看墙的另一方

刻意模仿过去的年代，从阻隔的围墙窥探彼此

A

B

C

另外，市中心的查理检查哨（Checkpoint Charlie），也于 1998 年，由艺术家弗兰克·蒂尔（Frank Thiel）设计，将查理检查哨的基座重新安置，一面是苏联士兵，另一面是美国大兵的双面看板，回应冷战时期的世界。其实，1989 年之前，西柏林这一边为了纪念那些想穿越围墙而被射杀的人，已有大量十字架出现在国会建筑附近，让人缅怀许多东德人民的命运，现在全新的河岸建筑群中，河滨景观上也立了几个象征性的十字架，黑白分明地提醒着世人。

如何处置围墙的争论依旧不断，因为其中夹杂分隔两地的受难者与国家不堪的历史。2004 年私人经营的围墙博物馆，曾在查理检查哨附近重新设立围墙，这个计划被柏林当局许可，当做是一种当代艺术的呈现，一直展示到 2004 年底为止。但是也激起了许多非议，反对这样的做法。

20 世纪 90 年代，围墙刚倒塌时，柏林曾经想将整个围墙的痕迹用绿带保留，最后，只有少数几个地方实现，包含围墙公园（Mauerpark）、克罗伊茨山（Kreuzberg）与城中区（Mitte）之间的历史公园。

2003 年曾有人提案向联合国教科文组织建议柏林围墙应该列为世界文化遗产，但被许多人指出这是挑衅的行动，因而作罢。

柏林围墙的每一天，仍旧以不同的形式继续书写它独特的历史。

A.B｜查理检查哨以美国大兵与苏联大兵的图像，代表着冷战时期东西分隔的两德
C｜国会建筑群的河岸边，立着不少黑白鲜明的十字架，过去围墙高筑的年代，这里
有许多东柏林人想要越界而被射杀，当时西柏林人立了许多十字架纪念，都市重新规
划之后，以新的十字架来纪念

A | 柏林围墙档案馆，记录着 1961 年 8 月 13 日开始，东西柏林分隔的历史
B | 柏林围墙档案馆中，以各种媒体展示过去那段不堪的历史，馆中的书店有非常齐全的出版品展售
C | 从档案馆的高塔上可俯瞰卵形建筑的和解小教堂，诉说着过去东西柏林被无情分割的创伤

● 柏林围墙档案馆

从犹太博物馆出来，走到查理检查哨，搭地铁来到城市北边，在荒凉的城市边缘走了好长一段路，来到柏林围墙档案馆（Das Dokumentationszentrum），继续气喘吁吁地爬上建筑旁眺望高塔，从上而下看清楚围墙的边界。在这里，东西柏林两边的边界仍清楚可见，档案馆、纪念地与和解小教堂是柏恩瑙街上三个相连的柏林围墙遗址，彼此呼应着。这一带的围墙遗址经过重新修复，以艺术方式呈现，档案馆展示许多纪念式的展览、史料、影片，参观民众静默地坐在一间间影片播放厅中，看着这段不堪的历史，现场的气氛甚至连小朋友都不敢放肆。

柏林有另一座私人经营的柏林围墙博物馆，在弗里德里希大街（Friedrich-strasse）的查理检查哨附近。而官方的柏林围墙档案馆在围墙倒塌 10 年后的 1999 年 11 月 9 日于柏恩瑙街开幕，翔实地展示这一段国家历史档案，也提供各种当代展览与解说服务。1994 年，联邦政府举办了柏恩瑙街柏林围墙纪念地的竞图，从 259 个竞图者中选出三位银牌得主，却没有真正的第一名，1995 年，赞助者决议由银牌得主之一的科尔霍夫（Kohlhoff and Kohlhoff）来执行这项设

B

C

计。这个设计借由柏林围墙残留下来的材料，重新以艺术方式呈现，献给 1961 年 8 月 13 日到 1989 年 11 月 9 日这段期间的受难者。

如何呈现这样的苦难历史纪念，不仅竞图过程有所争议，完工后仍是争议不断，而这些也是历史发展的一部分。柏林围墙确实需要一个档案中心，提供大众资讯、资料和档案的中心，因此就在柏恩瑙街围墙纪念地的对面，盖了这座档案馆。

档案馆里的书店，有非常齐全的出版品、摄影集、明信片，介绍关于德国、柏林、围墙等题材。柏林围墙，似乎成了柏林最热卖的商品。柏林围墙，曾经是隔绝东西两方的无情产物，实体的围墙早就倒塌，只是，要铲除人类心中的那道围墙，似乎没那么容易，东德与西德两边的情结依旧存在。而其他地方，以巴、美墨，也仍有第二道、第三道围墙继续筑起。

当初，急于磨灭的这道围墙，现在成了柏林游客的最爱，甚至成了柏林生财的工具。以围墙为名的景点、卖点、纪念碑、纪念建筑、纪念品、明信片、书籍、摄影集等等，似乎取代了柏林围墙应该留给世人的真正意义。

●和解小教堂

和解小教堂（Die Kapelle der Versöhnung），是柏林建筑师 Peter Sassenroth 和 Rudolf Reitermann 的设计，在 2000 年 11 月落成。当时由教会组织发起，基地就位于之前被炸毁的和解教堂（Die Kirche der Evangelischen Versöhnungsgemeinde，1894—1985）位置上，原有的教堂躲过"二战"的战火，却因为柏林围墙竖立，将所属的教会组织一分为二，教堂划给了东柏林，教会组织却留在西柏林，1985 年东柏林政府以边界安全为由，把它拆了。

统一后，这块土地又回到教会组织所有，教会思考着，是否该重建原有的大教堂，因为该地区原有的社群结构已经改变甚多，当地居民对于教堂的需求不若过去。公开竞图过程中，许多人对于这块土地有纷扰的意见与关注；建筑过程中，因为预算有限，获得许多捐款与各项技术上的协助，让这座现代造型的卵形教堂，重新谦逊地站在旧教堂的基地上，代表着另一种和解的意义。过去的"和解"是指社会底层劳动者与剥削资本家之间的恩怨，现在则是因为冷战时期所受的伤害。这座小小的卵形教堂建筑，用黏土和木材当壁板镶嵌，用符合环保与自然的建材，来回忆毁去的大教堂与过去的边界历史。当年教堂的钟被抢救下来，现在存放在小教堂的外头，以供纪念。原有教堂的基地虚线，仍可从许多刻意画出的线条上看出，围绕着教堂外圈的绿色栏杆则代表围墙的遗址。

East Side Gallery | www.eastsidegallery.com
Berlin Wall Memorial |
www.berliner-mauer-dokumentationszentrum.de
Topography of Terror | www.topographie.de
Chapel of Reconciliation | www.kapelle-versoehnung.de

人去楼也空｜地面上的金属铜片

德国与国际上的艺术家，自从 20 世纪 80 年代开始，不断尝试用批判的、创意的、美学的、赎罪的方式来满足一个个具有纪念意义的场域，以非传统的手法，重新诠释历史在公共空间的意义，并忠实地陈述历史事件。为表现这样的概念，他们尽量避免使用传统中伟大的纪念碑形式，反而用"纪念的提醒"来取代，放置在公共空间中，不特别显眼，但是却令人印象深刻。

艺术家冈特·德梅尼格（Gunter Demnig）在柏林街道上铺设金属铜片"Stolpersteine"，这个概念已经放置在许多城市中。在铜片上刻印姓名，暗示那些被纳粹押走的人们就是在这栋建筑物前消失的，这里可能是他们居住过的地方，从这里去回忆这些人的命运。观者因为行走时被这些金属铺材绊脚，突然发现了它们，而回想到许多事情。

不注意的行人可能会错过它，或者不小心踩过它，这些称为"绊脚石"（Stumbling Stone）的铜片，是这位科隆艺术家的创意，在整个柏林，尤其是克罗伊茨山和城中区，一共分布了 1400 个点。艺术家的目的就是要行人被这些铜片给绊住，然后想起过去的一些事情，是一种很个人，却很伟大的纪念。黄铜片一块 95 欧元，由个人或团体赞助，第一片出现在 10 年前的科隆，这个想法得到许多人的共鸣与认同，现在已经有 11000 块分布在德国、奥地利、意大利、波兰和匈牙利等国。

走在柏林街头，别忘了注意脚下也有风景，这些金属铜片代表着从这个地点被带走的受难者，不同于大尺度的纪念碑，是一种很个人的纪念方式

这个创意非常简单也具原创，这些不连续的小黄铜片，写着"二战"被屠杀者的资讯，埋在一个个受难者家门前的人行道上，当时这些被屠杀者，不仅是犹太人，也包含了政治立场相左或是同性恋者。艺术家说："德国有许多大型的犹太纪念物，都是巨大的象征，却没有一个是针对个人的。波兰的奥斯维辛（Auschwitz）是这些受难者的目的地与结束点，但是这些难以想象的恐怖事情，是开始在这些楼房当中。"

不过，这样的方式并不是每个城市或每个人都接纳它，2004 年，艺术家和当时的慕尼黑市长因而起了冲突，市长最后拒绝这个作品。当时慕尼黑的以色列宗教团体主席和德国犹太中央议会的主席，也都拒绝这样的表现方式。对这些组织来说，人们踩过这些受难者名字是大不敬，再者，许多现在拥有房屋的屋主也都反对，因为这样日后房子会卖不出去。

不过，正面的反映还是胜过负面的反映，支持者说，这个有力的计划，聚焦在每一个个人，很多事情不能一概而论的，绊脚石，的确是个独特的记号，也是艺术家用艺术来对抗纳粹的形式。

Stumbling Stone | www.stolpersteine.com

混凝土方阵 | 记忆之地

记忆之地落成以来，成了柏林的新焦点，那是一个纪念几百万欧洲犹太人的共同纪念处，建筑师以独创性的想法，以此——纪念每一位受难者。

我们在一个夏日黄昏，空气几乎停滞的气氛中，惊慌地游走在高低起伏的巨型混凝土柱林中，这一块块象征犹太墓碑的水泥块，排山倒海从各个方向而来，举目所见尽是相同颜色，而触摸到的则是质感细腻、施工精良却异常冰冷的混凝土，进入之后完全失去方向，让人身陷其中、难以抽离，不知该何去何从，只想找到脱身之道，却又不断被突如其来的其他参观者一声不响地迸出所惊吓，恐惧感与迷惑感令人印象深刻。

很壮观、很震撼的参观过程，走在里面就像走入迷宫，有高有低、有明有暗。开始前与结束前，我们安静地坐在边缘观看，这些乱中有序的混凝土块，有许多参观者进进出出，在里面穿梭的样子，也是另一种艺术呈现。

● 难解的设计题

位于勃兰登堡门南边的欧洲犹太人大屠杀纪念碑（德文 Denkmal für die ermordeten Juden Europas 或 Holocaust-Mahnmal，英文 The Memorial to the Murdered Jews of Europe），是一个高敏感与高难度的大规模纪念场域，为了纪念"二战"遭纳粹屠杀的六百万欧洲犹太人而设，历经坎坷曲折的十数个年头，终于在 2005 年完成。

2711 根深灰色光滑的混凝土柱形成整齐格子矩阵，因地面起伏，或高或低地矗立于开阔土地上。纪念碑由美国当代解构主义大师彼得·艾森曼（Peter Eisenman）设计，企图表现墓碑与石棺紧密排列的犹太墓园意向，也传达一种令人迷惑的气氛。

记忆之地的东南边有个"讯息之地"的展示空间深入地底，纯白的墙面，灰色的地板，深色的钢梁，延续地面层的冰冷。展览室记载着被屠杀犹太人的史料，借由大量的日记、照片、信件、文字，以及被驱逐犹太人遍布全中欧的路线图，来表现犹太人颠沛流离的悲惨命运。

纪念碑早在 20 世纪 50 年代，于波兰奥斯维辛集中营已有类似构想，当时由英国当代艺术大师亨利·摩尔（Moore Henry）担任评审主席，总计有来自 36 个国家的 426 位参赛者，不过，终究无法选出最后赢家。亨利·摩尔表示，此种超乎想象的人类灾难，当前尚未有任何设计可以符合其精神意涵，因此暂时没有结果。

1988 年柏林围墙倒塌前，一位记者提出原始概念与募款活动，原本小规模的诉求演变成国家性的议题，将历史包袱强加于现代德国人身上，强调这是德国人应尽的义务，而一段纷纷扰扰也就此展开。

1994 年的第一次竞图结果受到舆论与民众的激烈反对，不得不终止。1998 年的第二次竞图由理查德·塞拉（Richard Serra）与彼得·艾森曼获得设计权。期间又经过复杂的政治协商和舆论批评，设计团队的雕刻家理查德·塞拉因无法接受而决定退出，仅剩建筑师彼得·艾森曼一个人独撑，为建筑过程再添变数。

至今，关于记忆之地的讨论仍旧进行着，因为加害者、受害者、大屠杀规模的议题敏感且复杂，要找到定论何其容易，过程中也出现强烈反犹太阵营的大力阻挠。当然，最基本的预算争议与基地选择，也成了政治纠葛的议题。想象在德国的首都，也是希特勒总理府与地下碉堡的所在地，安置如此大面积的犹太墓碑，对于已被套上沉重枷锁的德国人而言，更加不自在；德国人想为纳粹赎罪却又排斥，因此反对也不是，附和也不是。

此外，经济发展考量也是关键，基地刚好位于昔日东西柏林交界处，原是个三不管地带，统一之后却成了所谓的市中心，北边有精神象征的勃兰登堡门，有政治权利象征的联邦国会，南边是商业中心的波茨坦广场，可以想象如今这块地王的区位与价值。又德国统一后，史无前例的大规模建设，让国库日益虚空，经济力日渐下滑，失业率更是节节高升，怎能容许如此庞大预算用在这个历史伤口上呢！

最终，柏林当局不管反对声浪多大，认为唯有让此案付诸实现，才能让世人看到德国对于这段沉痛历史的诚意；拿出 19000 平方米的土地与当时 1500 万德国马克，约 2500 万欧元的预算。

这样的空间，需要亲自体验，它无法用作品优劣来评断，一时之间也难以消化其中所要传达的诸多意涵，或许这就是建筑师想要表现的困惑感！不过彼得·艾森曼对于这个空间的营造，就我们的亲身体验来说，非常成功。

The Memorial to the Murdered
Jews of Europe |
www.stiftung-denkmal.de

两线之间 | 柏林犹太博物馆

参观这栋建筑的心情很复杂，其实进入那样的空间，压力大得吓人，建筑果然有很大的能量，能以空间、线条传达出这么多的意涵，让人跟着气氛进入历史当中。

从旅馆走过几条街，来到了柏林犹太博物馆 (Jüdisches Museum Berlin) 正门。现代人有一点很麻烦，大概坏事做多了，在许多敏感的公共场所纷纷架起了 CCTV 监视，这个情况以英国为最，每个人每天都活在他人监视之下，的确很累。而进出这个敏感题材的博物馆空间，还得经过类似机场安检的 X 光机器，更不能背着背包进入参观。

犹太博物馆中，大幅照片成了空间中最强烈的视觉

A

B

● 参观动线

　　柏林犹太博物馆由新旧两栋建筑组成，建筑师李伯斯金（Daniel Libeskind）的新馆主要为展示用途，象征着犹太人，而出入口、售票处、商店、咖啡馆、厕所等服务性空间则分布在象征德国人的巴洛克旧馆中。特别的是，锯齿状的新馆没有入口，而是靠着地下通道与旧馆相连，隐喻着德国人与犹太人之间隐藏着紧紧相系的历史关系。建筑师表示，一道传统的门无法走进犹太人的历史，也无法走进柏林的历史。

　　在旧馆买完票、寄好物，经由地下通道来到新馆底层，这儿有三条主要路线提供选择。左边第一条是穿越所有楼层，陡直往上的楼梯，可以见到歪斜、失衡、穿插的结构体，挑空空间中长梯的终点是一面白墙，象征

省思，也象征无路可去，左边有道小门可以转进展示空间。中间第二条路径一直往前走，会穿过一道落地玻璃门，走出建筑外的放逐花园（Garden of Exile），象征被流放的犹太人，放逐花园中有 49 根混凝土柱，柱子顶端种有植栽，象征流亡海外的犹太人在异地生根成长。至于最右边第三条路线，就是所谓的不归路，通往独立于主体建筑外的大屠杀塔（Holocaust Tower）。建筑师仅利用一个未开窗，数层楼高的窄高空间，没有空调，可以隐约听到外面的嘈杂声，仅在顶端留下极小的缝隙，灵感来自运送犹太人的火车车厢里，一个犹太妇人的故事，因为那一道与外界接触的缝隙，让她有了希望，也让她熬过大屠杀。这里的气氛压迫得让人无法久留，传达出当时犹太人所承受的绝望。

A.C ｜建筑物外头的放逐花园，水泥柱上的植栽象征流亡海外的犹太人在异地生根成长
B.D.E ｜进入新馆的地下空间之后，有三条路径可供选择，分别通往不同的参观路径

C

D

E

A

●造型的由来：两线之间？

根据建筑师的说法，这个作品可称为"两线之间"（Between the Line）。由平面图看来，可清楚发现整个平面由非常明显的两条线所组成，一条是由外观就可看见的"锯齿状转折线"，象征现实人生的曲折无常，建筑末端为箭头造型，暗喻这条线是无限延伸；另一条线，则需从建筑平面图或航照图来看，一条简单的直线，用来比喻理想的人生。

而建筑语汇中这条直线（理想人生），却被这条锯齿状的线（现实人生）切割成五个长度不等的片段，变成建筑内部可看而不可即的虚空间（Void），象征曾经为德国文化一部分的犹太人，如今已消失无踪、不复存在，仅剩吊念、冥想、回响。虚空间与一般展示空间不同，这些重要的虚空间只能看不能进，不同于展示空间的白墙，采用了黑色墙，由最原始的混凝土包覆整个空间，仅在顶端留有伤痕般的玻璃天井采光。在空间上，建筑师想要传达的是一种矛盾、讽刺、多层次的心灵与记忆上的表现。

一个颇为成功的建筑符号学落实在实际的建筑中，不过解构主义一层又一层的隐喻，并不是参观者马上就能领会建筑师所要传达的意涵，因此各方解读也不尽相同。

当初这栋柏林犹太博物馆增建工程演变成具争议性的建筑事件，让柏林这一整区的都市规划有了彻底的改变，这道曲折的线也宛如伤痕一般，深深烙印在柏林的土地上。因为这栋建筑，让大家回过头来检视都市规划，也让大家开始思考当初竞图的真正意义与犹太人在德国历史上的意义。

这栋风格极为鲜明的曲线建筑，采用锌金属为外壳材料，立面上造型完全不同、近1000扇的窗户，在施工时需要一片片在现场切割，建筑立面与开窗方式看似随意，其实有理可循。建筑师依据一张柏林地图为基底，代表地理上的意义，然后追溯曾住在这个地区有名望的犹太人，代表历史上的意义，将这些点一一标示出来，然后连成线，最后落实到3D的电脑建筑图中。不过这样的做法也引来许多非议，因为这样代表这些有钱有名望的犹太人才值得纪念，那些无名的犹太人似乎就不当一回事，不过要如何解读，端看个人。

A｜让人心生恐惧的大屠杀塔，传达了犹太人在极小细缝中求生的信念，设计灵感来自运送犹太人的火车车厢中阴暗的空间

B｜犹太博物馆，原先是左边旧馆的增建案，后来衍生为主体，访客需从左边的旧馆进入地下连通的空间，来到新的建筑空间

C｜建筑物具原创性的设计，以锌金属外壳包覆

D｜近千扇造型完全不同的窗户，是施工时的一大挑战，展现建筑师的坚持与精良的施工品质

B

C

D

博物馆中犹太人
的历史照片展

● 曲折的发展过程

跟战后所有犹太人纪念物命运相同，这座博物馆的
完成也是一波三折，两德统一后的 1990 年，当时 44 岁
的李伯斯金以黑马之姿，接下了他人生中第一个建筑
案，因而在柏林长住了 12 年。案子经过 12 年的风风雨
雨，五次更名、四次政府改组、三次馆长异动，还有预
算大幅被删减之后，以 4100 万英镑完成了正式名称为
"柏林犹太博物馆：两千年的德裔犹太人历史"（Jewish
Museum Berlin：Two Millennia of German Jewish Histroy）
的建筑，于 2002 年正式配合展览对外开放。其中，未
规划展览前的建筑早在 2000 年 10 月开放，以一个雕塑
的空壳来看，这栋建筑仍是一个很好的纪念物，参观者
借由空间中的气氛，感受当时犹太人所承受的苦难与挣
扎，第一年开放就吸引了 35 万人次的参观。

Jewish Museum Berlin |
www.juedisches-museum-berlin.de

　　现籍美国的波兰犹太裔李伯斯金，总是不断强调没有老婆就没有他，因为加拿大政治世家出身的老婆，政治势力很强，让他在竞图截止日前一天才开始都来得及，施工中工程预算遭冻结甚至取消此案，都可再次起死回生，政治果然还是拥有最大的权力。不过，当然不能小看李伯斯金自始至终坚持的信念与原创性的建筑设计，他断然拒绝柏林当局以亚历山大广场可以名利双收的案子来胁迫他放弃小小的博物馆设计案，才能成就今天这栋成功的犹太博物馆，也才有今天的李伯斯金建筑大师，这位五十岁之后才发光的建筑师。现在，他的建筑已出现在世界各地。"9·11"之后，纽约世贸原址的总体规划也委由他进行。

屠杀之前 | 焚书纪念处

柏林纪念建筑的构想非常多元，菩提树下大道（Unter den Linden）旁的倍倍尔广场上，有一处"地下图书馆"，被周围的洪堡大学（Humboldt）、歌剧院、柏林最古老的罗马天主教教堂圣赫特维希大教堂（St. Hedwig's Cathedral）与附近的古根汉博物馆所环绕。

地下图书馆与 17 本书的巨型雕塑相呼应

这个广场曾是纳粹烧毁几万册书籍的地点。1933 年 5 月 10 日，希特勒在德国各地展开了一场"焚书坑儒"的浩劫，对于意见相左的书籍与知识分子，一一消灭，一举摧毁德国发展了五百多年的文化与书籍。

柏林市政府于 1995 年邀请以色列艺术家米夏·乌尔曼（Micha Ullman）设计一座仅有空书架的"图书馆"，广场中央挖空一个长宽各七米、深五米的地下室，空间里放置一排排白色书架，而书架上空无一物。空间大小象征着当年被烧毁的两万册书籍，完全密闭的图书馆空间，参观者只能在地面上透过 1.2 米见方的玻璃俯瞰地下室内部。隐藏的白色密室，对德国人、对世人都有着警惕的意义。

夜间灯光照明下，即能清楚看见空书架的样貌

2006 世界杯举办的季节，在柏林有个名为"走出点子来"的雕塑展，展示德国最骄傲的六项发明，分别是"足球鞋"、"药丸"、"汽车"、"印刷术"、"音乐"、"相对论"，其中代表现代印刷术的巨型"17 本书籍"雕塑就放置在这个广场上，与焚书纪念处有一段历史意义的对话。

犹太悲歌｜东德集中营布痕瓦尔德

德国，一个矛盾的国家，有最彩色的童话小镇，却也有最骇人的人间炼狱。

过去的东德领土上，有三座主要的集中营纪念地，是震惊世界的国家纳粹主义所留下来的产物，萨克森豪森（Sachsenhausen Concentration Camp）和拉文斯布吕克（Ravensbrück Concentration Camp）位于柏林附近，而布痕瓦尔德（Buchenwald Concentration Camp）位于影响德国近代发展甚深的古典城市魏玛近郊，是纳粹最强而有力的象征。

A

A｜游客中心前的大幅海报，犹太囚犯坚毅却绝望的眼神
B｜集中营的公车站牌，写着布痕瓦尔德的字眼，过去运送犹太人的列车开到这里，代表着走向死亡

1945—1950 年之间，布痕瓦尔德和萨克森豪森的集中营房舍，被苏维埃军队用来拘留纳粹公职人员以及大量无罪的人。东德时代，不能讨论集中营的历史，太靠近这些议题，会被看成是太靠近法西斯主义。1952—1958 年，布痕瓦尔德集中营与附近的地区，被东德政府第一次用来作为纪念纳粹受难者的纪念地；拉文斯布吕克是 1959 年，萨克森豪森则是 1961 年。

从魏玛市中心的歌德广场搭上 6 号公车，前往魏玛北郊 7 公里的林中，公车上的目的地显示着"布痕瓦尔德"，有种被带往未知世界的疑虑，不畏日正当中的烈阳，因为这样的温度，让我少了点恐惧。

公车经过魏玛外围的住宅区，然后进入山林中，布痕瓦尔德是榉木森林之意，在弯曲的道路上行驶，美丽僻静的郊区山丘里，隐藏着如此骇人的纳粹集中营"布痕瓦尔德"，20 分钟的短暂车程，让第一次参观集中营的我，有许多可怕的联想。

公车停在游客中心前的停车场，一下车的感觉，只有一个"热"字，温度在柏油地面上产生飘渺的幻觉。进入集中营房舍改建的"i"，空间里当然已没有任何集中营的气氛，取而代之的是宽敞、简洁、冰冷的咨询柜台与书店，书店里关于纳粹、"二战"，关于这个集中营，关于其他集中营的文献非常丰富，当然，几乎都是德文史料，翻了一本唯一能懂的黑白摄影集，看到许多不敢直视的画面。

A

　　投币，拿了一份简单的英文解说，往集中营去。

　　与集中营有关的电影题材不少，集中营的专题报道也不少，让我印象最深刻的画面却是来自日剧《白色巨塔》。主角造访波兰的奥斯维辛集中营（Auschwitz），欧陆冰雪的冬季，衬出集中营最凄楚的气氛，片中的那位女士跟医生解说的内容，也让我印象深刻，连六亲不认的医生内心都被瓦解了吧，我很喜欢导演处理这段集中营的拍摄手法。

　　还没有机会到访奥斯维辛集中营，这个东德境内于 1937 年设立的布痕瓦尔德集中营，就够让我震撼了。

　　整个集中营的山头，现在规划了完善的参观路径，如要细看，恐怕一整天也无法看尽。沿着囚犯从集中营火车站走来的路，来到集中营大门，一栋长条型的建筑，两旁无限延伸的铁围篱与 23 座站有武装哨兵的监视塔。过去，围篱上通了 380 伏特的高压电。正中央的大门是个沉重的镂空铸铁，上面刻着 "Jedem das Seine" 的字样，来自这句话：在我看来，每个人都有权利享用属于自己的东西（As far as I am concerned, every man should be permitted to use and enjoy what is his.）的德文缩写，被盖世太保押送至此的囚犯，进入这个门，就等同于进入了炼狱之门。

　　如果这不曾是个纳粹集中营，山头的视野其实是美好的。

　　大门的左侧，是一排单人的特别囚房，专门监禁特殊的囚犯或是即将处死的囚犯，严重锈蚀的铁件与空间，一整排暗无天日的小单元，只有一个小方格用来递送食物，里面的空间大概只有一张单人床大小。参观的人，屈着身，探进每个小洞口，一张简陋的铁架与木板床，其中某几个囚房里摆放了一些纪念照片、鲜花、蜡烛、纸鹤等纪念物，悼念这些牺牲者。

　　其实，也不过几间囚房，走起来却沉重得无法呼吸，只想赶快逃离。

A｜集中营大门上刻着 "Jedem das Seine" 的字样，意思是 "在我看来，每个人都有权利享用属于自己的东西"

B.C.D｜专门监禁特殊囚犯或是死刑犯，一整排暗无天日的小单元，一张简陋的铁架与木板床，摆放了一些纪念照片、鲜花、蜡烛、纸鹤等纪念物，悼念牺牲者

囚犯们自己动手兴建的火葬场，内部虽已经过重新整理，气氛仍旧非常骇人

A｜过去集中营四周围绕着
380 伏特的高压电围篱与
23 座武装哨兵监视塔
B｜集中营营舍的基座，现
在全都以粗砾石填补整理
过，特别的营舍上，有一
块块的纪念石碑，上面有
人放了一些小石块悼念
C｜吊犯人的木杆与犯人搬
运石头的推车

还是宁愿回到酷热的太阳底下，深呼吸了一口气，继续走往下一个空间。

推开铸铁大门，眼前一片开阔、平坦、死寂，过去这里就是主要的集中营营舍，从图上看来，少说也有五十几栋，20 世纪 50 年代已全数瓦解，现在只剩下营舍基座的痕迹。每个营舍都立了石柱写着编号"Block 1、2、3……"地面全都用粗砾石填补整理过，一些特别的营舍上，有一块块的纪念石碑，上面有人放了一些小石块悼念。

营舍的角落，有栋带着烟囱的火葬场，又憋了另一口气推门进去。

1937 年盖的集中营，一直到 1940 年才有专属的火葬场，因为魏玛地区的已不敷使用，当然，这也是压迫囚犯们自己动手兴建的。从一巨幅可怕的照片开始，进入病理解剖室，我只能快速通过，来到一间立有许多石碑的暗室，空间里有好几扇门，在这儿，似乎每扇门都可以自己推开，实际上也不知道能不能开，完全没有标示，让参观者感受到那股未知的恐惧。选了一扇门推进去，六个孔的砖造火炉，空间当然已经过整理，甚至重新打造，但是，两个人连讲话都会有回音的地方，光是靠近，就让我脚软，连呼吸都让人害怕。

出了另一扇门，似乎还有一个更阴暗的地下室，再也没勇气走下那阶梯，放弃吧。在一个黑色围篱的院子里，虽然见得到阳光，却心慌地找不到出口，这会不会是参观动线的一种设计手法，终于在一扇黑门上看到不明显的"Ausgang"，德文的'出口'，赶紧推了门出去，够了。

在建筑物旁的椅子上坐下来喘口气，这里，连大太阳底下，也没能让你有喘息的机会，眼前竖立了一根吊犯人的木杆，旁边有一台犯人搬运石头的推车。

A｜过去用来储存衣物与设备的营舍，现在改建为集中营史料展览空间
B｜撕开伤痛的历史，展览空间里的设计与布置，非常精彩

B

营舍走到底，一栋过去用来储存衣物与设备的储藏建筑物，现在是集中营史料的展览空间，建筑物前有棵囚犯们称为"歌德橡树"（Goethe Oak）的树头，纪念历史上歌德曾多次造访这个山头。大树已在 1944 年被炸毁，现在仅剩下树头，不了解歌德与这个集中营的关系，只知道歌德就住在离这儿不远的魏玛，是德国的大文豪与思想家。

展览空间设计得很精彩，内容文物也厚实，一块一块垂直水平的金属展板，里面存在着血泪的历史，许多不知道是否送达囚犯手中的圣诞卡与家书，用来注射毒液的玻璃瓶、囚犯的制服、纳粹的军服、日记本、照片、酒瓶……我还是不愿意相信，人类能从这些可怕的历史中得到教训，如果能，就不会再有这个世纪这么多不仁不义的战争。这是个让人错乱的地球，我每天坐在舒服的宿舍里看书、规划旅程、天花乱坠写博客，却还一边看着新闻里 24 小时播送的以色列轰炸黎南的残忍画面，错误的历史还是继续重演。

集中营四周仍有许多特别营舍，四通八达的步道通往其他刑场与墓园，烈阳下，实在没力气走完它，也没心力再看到这些，搭上公车回到现代、富裕、热闹的魏玛市区，又变成两名观光客。

写这篇文，中断了好几次，看那些历史简介再次让我作呕，终于，把它了结了，赶紧到外面的阳台上，再深呼吸一口气。

The Buchenwald and Mittelbau-Dora Memorials Foundation | www.buchenwald.de

工业美丽的休止符│鲁尔区的春天

这是个在台湾地区备受推崇的地方，被媒体、被公视、被大学教授形容得很神奇的地方，当然得来走一遭，看看是否真是如此。

火车经过位于鲁尔工业区的埃森（Essen）一带，市容与天际线的确很工业城。从埃森车站走出来，可以感受到这个过去为德国第一大工业城的都市不是个人文气质型的城市。搭上 107 电车往德国关税同盟工业文化园区（Zollverein）方向去，13 分钟即可以抵达。一下车就是工业厂房门口，正门正在施工，我们得走边门进去。造访此处之前还是得先做点功课，最好的方式就是行前写信跟游客中心要一些免费资讯与一份详细的地图，否则范围如此大的厂区，会搞不清楚东西南北。

A

A｜现代主义风格浓厚的厂房，被誉为世界上最大也
是最美的煤矿坑
B｜游客中心提供各种需求的解说团，让访客更深入
认识煤矿场的过去、现在与未来

B

● 关于 Zollverein

Zollverein 的字意是 Duty Association，"责任公会"的意思，是它的创立者弗朗茨·哈尼尔（Franz Haniel）于1834年取的名字，暗示一种普鲁士风格。

关税同盟工业文化园区里的第十二号矿坑（Schacht XII）被誉为是世界上最大也最美的煤矿坑，这里说明了矿业的历史、产品和生活，是现代工业建筑的瑰宝。从先前的村庄形式改变成工业模式，照顾来自东普鲁士、波美拉尼亚、波兰、捷克等地区的工人与家庭，工人居住地就设置在矿场附近，也提供幼稚园、学校、医院、教堂、公墓和许多消费设备，典型的矿工房舍至今仍支配着街道景观。

煤矿厂建于1928—1932年，由年轻的建筑师弗里茨·舒普（Fritz Schupp）和马丁·克雷默（Martin Kremmer）设计，形式上从包豪斯学校的建筑语汇而来。他们调和了矿场的实质功能，同时也兼顾美学、经济、快速等考量，完成后，成为欧洲当时最摩登、最大的矿场，一天产量是一般矿场平均的四倍。

1986年矿产耗尽，不再开采，六年半之后熔炉也熄灭，工厂停工了。

直到1999年工厂的大门再度开启，这个外人平常难以窥见的厂区，以历史纪念的方式，接待它的第一批访客，由矿工领队解说。在整建的过程中，艺术家、设计师、建筑师、艺廊等，也发现了一个新的场所，从那时候开始，巨大的改变发生在这个工业遗址上。

● 1、2、8 号矿坑

走上旧厂房的高架桥，是以前的煤矿输送带，我们随意往某个方向移动，边走边拍，结果完全走偏了，失去了方向感，来到几乎没有游客的地方，只有一位平面摄影师和一位模特儿正在厂区取景。

原来这一带是 "Schacht 1/2/8"，也就是 1851 年即设立的 1、2、8 号矿坑，现在最知名的就是 "PACT Zollverein" 空间，1907 年时提供给 3000 名矿工使用

的浴池和更衣室，1964 年经过现代化，1986 年停工废弃。里面的 "kaue"，即是以前的更衣室，"white kaue" 是矿工换上工作服的房间，"black kaue" 则是矿工换回自己衣服的房间。20 世纪 90 年代，地方的舞蹈工作者发现了这个空间，作为练舞场地，接着，将这里发展

A

成为现代舞中心，1999—2000 年转变成北莱茵西伐利亚州（Westphalia）舞蹈中心（NRW），由法兰克福建筑师克里斯托夫·梅克勒（Christoph Mäckler）改建，目的是保留原始的文化遗产，仅用极小的改变，保留空间与历史，提供舞台作为戏剧表演、舞蹈演出、工作室与展览场所等用途。

我们绕着厂区狐疑地到处乱走，碰见一位遛狗的德国老兄，看到我们似乎正在找寻什么，喊了我们一声，用德文说了一大堆，我们只说了 swimming pool（游泳池），他马上示意着"跟我来吧"，带我们走回了铁轨旁，要我们沿着铁轨走，不远处有几根烟囱那里就是了，比对地图才知道也走得太偏了吧。

A｜关税同盟工业文化园区的标志，就是由这个鼓风塔而来
B｜厂房里随处可见的人行桥，由过去的煤矿输送带改建而来
C｜"PACT Zollverein"空间是 1907 年提供给矿工使用的浴池和更衣室，现在已发展成现代舞中心

●关税同盟学院（Zollverein School）

厂房里自然生长的大树、杂草、野花，形成很好的都市绿带，也让巨大的工业厂房隐身在绿色丛林中。铁轨的反方向就是日本建筑师妹岛和世与西泽立卫所组成的事务所 SANAA 全新的作品 "Zollverein School of Management and Design"（关税同盟设计与管理学院），建筑于 2006 年 6 月开幕，是妹岛和世在欧洲的第一件作品。这个方盒子提供了后工业的新视野，面对周围巨大的工业遗址，她认为新的学校空间，得是一个有支配、有利的、抽象的表现，以此为入口，进入这个再发展的地区。

建筑物是完全简单的正方体，长宽高皆是 35 米，外观随机出现一系列矩形开孔，可以窥见厂区的重要地标，内部宽敞的空间，多变的楼高设计，建筑平面完全没有柱子，创造出各种不同空间使用的潜在可能，提供演讲、剧场、讨论室、办公室等使用。学生可以自由漫步、研究、社交，是个实际操作多过理论的设计学校。

由日本"SANAA"建筑师事务所全新设计的设计学院 Zollverein School

厂区中的 Kokerei 一带，有家专卖地中海食物的餐厅，空间也是旧厂房改建而成，气氛与食物都值得推荐。

A

A｜这池蓝蓝的游泳池设计，常出现在许多设计媒体上，以旧厂房为背景，游客的确可以跃身池中戏水
B｜厂房前的大水池，到了冬季结冰时变成滑冰场
C｜靠着一旁太阳能板发电，摩天轮（Sun Wheel）提供游客免费搭乘，俯瞰整个厂区

B

● 炼焦厂（Kokerei）

沿着铁轨终于回到游客聚集的地方，也是厂区三个主要的区块之一炼焦厂（Kokerei）。这里有家生意很好的餐厅，看来名气不小，专卖地中海食物，德国人自己也不想天天吃香肠吧，不好意思地问了有没有英文菜单，服务生说没有，不过他可以翻译，他老兄果然拿来一本德文菜单，一一说每道菜名，不知道怎么翻，还问隔壁桌的客人，真是可爱。愉快饱餐一顿之后，继续厂区的参观行程，餐厅本身也是旧厂房空间改建，上下夹层的层次，一旁还有商店。

餐厅门口面对着巨大厂房，我们爬上类似鹰架的楼梯，在厂房平台上看到一池蓝蓝的水，这个高装饰性的游泳池，是个非常著名的设计构想，近年来常出现在许多设计媒体上，以厂房为背景，游客确实可以在此换上泳衣戏水。

继续爬上另一组楼梯，来到铺满太阳能板的平台，这里有个由再生能源驱动的摩天轮（Sun Wheel），提供游客免费搭乘，可从高空中俯瞰整个厂区，还可以进入幽暗的厂房转一圈，而且得一连坐两圈才会放你下来，为参观过程增添乐趣。

厂房前的大水池，据说冬季结冰时会变成滑冰场，周围打了不少灯光，想必夜间的光影效果应该更好。

C

●第十二号矿坑

回到入口处的主要厂区，整个厂区正进行着许多新建与改建工程，那一年秋天正好在准备举办一场名为通往 2006 年的盛大文艺活动，整个厂房都动了起来，包含 20 个国家、40 项活动、300 个展览。围篱里面还有正在赶工中的鲁尔博物馆（Ruhr Museum），一段很突兀的现代电动手扶梯攀爬在旧建筑物外头，这是由过去的洗煤场（Coal washing plant）改建，提供建筑师、设计师、艺术家们一个公开讨论的地方，完工后将成为厂区的新地标与新标志。

厂区另一个重要的红点设计博物馆（Red Dot Design Museum），是英国普立兹克建筑奖大师诺曼·福斯特（Norman Foster）以锅炉间改建，展览来自全世界的红点设计大奖（Red Dot Award）作品，外头的商店也有许多吸引人的当代设计商品与设计书籍。红点设计博物馆的另一侧就是 Casino Zollverein，一个拥有 200 个座位的高级餐厅，是个很有魅力的社交场合，过去竟是 12 米高的涡轮厂房。

红点设计博物馆外观

A

B

A ┃ 由 12 米高的涡轮厂房改建的 Casino Zollverein，拥有 200 个座位的高级餐厅

B ┃ 英国建筑大师诺曼·福斯特以锅炉间改建的红点设计博物馆

A

● 昔日矿场化身文化创意园区

参观过关税同盟工业文化园区，发现这个厂区的确提供了相当丰富的多元议题，对历史有兴趣的人，可以随着工业遗址，从游客中心开始，探索工业文化的路径；文化迷则可以选择音乐会、戏剧、电影、舞蹈等各种不同展览；沿着巨大的焦煤场熔炉群，喜爱运动的人，可以在冬季穿上冰鞋于结冰的池上滑冰，夏季则可以骑上脚踏车来体验厂区；或者也可以去游泳池、摩天轮，或者只是单纯的来看看这个工厂遗址；除了这些，也别错过了厂区提供的各种美食。

B

C

整个厂区在历史遗址的保存和现代形式的利用之间，形成一个特别的结合，2001年12月联合国教科文组织将关税同盟工业文化园区矿坑与矿场列入世界文化遗产。接着，2002年，鹿特丹建筑师和都市规划师雷姆·库哈斯（Rem Koolhaas）对于未来整个区域的发展，提出新的设计概念，希望呈现一个完整的设计和文化价值。

这些年来，许多事件与活动不断在此发生、发酵。景观规划师、艺术家、灯光设计师、建筑师等，不断利用厂区的闲置土地与开放空间，变化出各种吸引人的元素，一年约有50万名来自全世界的游客造访。一条如博物馆的参观步道，贯穿整个错综复杂的厂区，而这里不仅是保存东西的博物馆，还有设计博物馆在锅炉间，鲁尔博物馆在洗煤场中，剧场表演在更衣室里，甚至有设计学校在厂区里，更有其他闲置空间等待被利用。文化活动、高等教育、私人公司、商业行为等等都很有活力地在此进行，不仅保存历史，也正在创造历史。

Zollverein ｜ www.zollverein.de
Zollverein School ｜
www.zollverein-school.de
PACT ｜ www.pact-zollverein.de
Casino Zollverein ｜
www.casino-zollverein.de
red dot ｜ www.red-dot.de

偷得浮生半日闲 | 哈克庭院

哈克庭院(Hackesche Höfe)是我们认识柏林的开始，因此对这里怀有特别的情感。第一次抵达柏林，投宿的个性旅馆 Circus 就在哈克庭院附近，丢下行李之后，趁着天色还没全黑，我们散步来到哈克庭院，旋即被广场热闹缤纷的气氛给吸引，打上灯光之后的广场，更有说不出的魅力。

哈克市场一带，是热闹有趣的商业区，铁道下方的拱形空间也都改建成一家家商店与餐馆，从市中心搭乘轻轨来到哈克市场这一站，林立着有别于连锁品牌的一家家个性品牌商店。四年之后再次造访，商机更加热络，增加更多个性服饰、鞋店、饰品店，逛街乐趣浓厚，自然吸引更多人潮，是成功的历史建筑改建案例，也带动这一带的繁荣。时间足够的话，光是在哈克庭院逛上一整个下午都不嫌多，还可以坐下来喝杯咖啡，此外，热闹的夜生活更有看头。

哈克庭院，是个不规则的庭院建筑群，由建筑师库尔特·贝恩特（Kurt Berndt）于1907年所建。当时即是作为商业、娱乐、工厂、办公室等多用途空间，也是20世纪柏林普遍的建筑样式，但是规模相对比其他院落都大，外观形式介于新艺术（Art Nouveau）和装饰艺术（Art Deco）之间。

这里过去是犹太人集中的区域，1714年曾有柏林第一座犹太教集会堂，也有第一个犹太坟墓在附近。此区繁荣之后，兴建了这个规模不小、由八个院落组成的建筑群，是当时欧洲最大的此类建筑，承租人包含商人、工厂老板、公职人员、餐厅老板，甚至是唱诗班成员，大战前最后的拥有者都还是犹太商人。

躲过战火之后，这一带划归东柏林，进入铁幕年代，变成残败的区域。统一之后，柏林市府开始着手修复许多历史建筑，此区于1996年幸运地获得八千万马克巨资重新整建，恢复原有的建筑外观，改建成餐厅、咖啡馆、剧场、艺廊、书店、艺品店、流行服饰店、电影院等，是相当成功的旧建物再利用案例，也成为柏林城中区最亮眼的新兴区。

A

A.B｜经过整建的哈克庭院，成了柏林人与游客的最爱

B

A

B

D

C

E

走进建筑中庭，一进又一进，五层楼高的建筑，从马路外观根本看不出里面竟是如此精彩，每个院落规模适中，呈不规则状，有良好的采光与通风，经过摩登的室内设计，让每家店都变成极有趣的空间。从罗森塔尔街（Rosenthaler Strasse）40、41号之间第一个院落进入，穿越曲折的八个院落，最后从苏菲大街（Sophienstrasse）6号出来，能满足喜欢建筑、喜欢逛街、喜欢艺文的各种需求。逛累了，可以坐下来喝杯咖啡，或者吃顿饭，然后，买张剧场或电影院戏票，继续享受热闹的夜生活。

最热闹的第一个院落（Hof I）——Endellscher Hof，有强烈的德国青年风格，马赛克拼贴而成的多彩几何线条，是青年风格建筑师奥古斯特·恩德尔（August Endell）的杰作，这里现在挤满了一家又一家餐厅、咖啡馆、酒吧，也有剧院和电影院。

第二个院落（Hof II）——剧场院落（Theaterhof）的角落，有家很柏林味的书店，配合这个新兴的地点，书店里的书以柏林为主，有历史、建筑、都市、艺术、设计类等各种书籍，像个柏林主题书店，两次造访，都在这里待了许久。书店旁就是公寓民宅的出入口，不知道这些柏林人住在这样一个人来人往的庭院里，是什么样的感受。

第三个中庭绿意十足，第四个中庭有许多流行、个性的服饰店，还有一家Trippen鞋旗舰店，如果你不买鞋，光是逛逛店里的商品陈列与室内设计，都是一大享受。

第五个院落有家柏林很红的纪念品店"Ampelmann"，商品以1961年东德所创的红绿灯人形为主，现在则应用成各种有趣的商品设计，成了柏林特有的纪念品，千万别错过了。第六个中庭则是个小小的十字路口。第七个中庭有玩具店、艺术瓷砖店，第八个中庭也有几家小店。而这些商店的楼上也都混着公寓住户。

由八个中庭组成的哈克庭院，提供电影院、小剧场、餐厅、精品店、服饰店、书店，也有一家著名的德国建筑师事务所"Gruentuch Ernst Architects BDA"，穿梭在这样一个又一个的中庭里，很有寻宝的乐趣。

F   G

A.E｜进入第一个院落，即是鲜明的德国青年风格马赛克图腾
B.C｜绿意十足、悠闲漫步的中庭空间
D｜哈克庭院隐藏在这排街屋当中
F｜第五个院落有家柏林很红的纪念品店"Ampelmann"，商品以1961年东德所创的红绿灯人形为主，是柏林特有的纪念品
G｜第二个院落中，有家柏林主题书店，有历史、建筑、都市、艺术、设计类等各种书籍

Hackesche Höfe｜
www.hackesche-hoefe.com

越陈越香 | 柏林文化酿酒厂

搭上 U2 来到柏林市中心外围的埃伯斯瓦尔德街（Eberswalder Straβe）站，破破旧旧的车站，保留了东柏林特有的气氛，这一带的建筑多数是原始的砖墙，完全没有修饰，连水泥都没有，就连此区出没的人看起来也不同于市中心。记得那是个灰色的星期天上午，从车站往回走了一个街区来到酿酒厂，这里就像个小社区，是个很完整的空间，置于周围的住宅区当中。

A

柏林文化酿酒厂（The KulturBrauerei），现今已经成功转换它的角色，利用过去的闲置空间变成了文化商业园区。

普伦茨劳堡（Prenzlauer Berg）这一区离柏林市中心不远，是艺术家们聚居的区段，而这酿酒厂则是企业家刻意创造出来的艺文园区。拥有六个庭院、20 栋建筑的厂区，建筑物彼此相连，围绕在一堵墙内，有烟囱、高塔，建筑物以红砖和黄砖交织成丰富的图案，是 19 世纪工业建筑的经典样式。

1887 年，文化酿酒厂的前身，Schulheiss-Brewery 啤酒厂委托浪漫主义风格的建筑师弗朗茨·海因里希·施韦希特（Franz Heinrich Schwechten）设计。建筑师创造了城市中的另一个小城市，建筑的临街立面被设计成中世纪城堡的样子，一个工业厂房立于住宅区中间，风格与配置

A｜厂区游客中心
前的雕塑
B.C.D｜厂区建筑物
以红砖、黄砖交织
成丰富的图案，是
19 世纪工业建筑的
经典样式

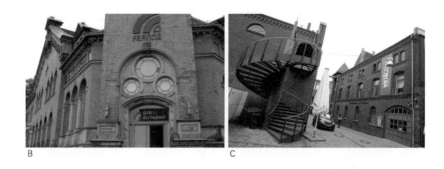

B

C

D

都完美融入，建筑物长得像传统柏林学校的样子，再加以夸张的修饰，最著名的地方就是高塔。

这群建筑物提供了城市发展很重要的证据，它的建筑外形与厂区功能形塑了这一整区，酿酒厂被认为是城市中封闭性工业厂房的典范，变成 19 世纪的代表建筑。

1967 年，停止酿酒之后，拆除了全部的设备任其衰败，1974 年列入历史建筑，一直到 1998 年才再度发展。所有权人其实冒着很大的风险，再次开发这个 25000 平方米的建筑与 40000 平方米的土地，经过与当地政府的多方讨论，1998 年以多元的整建计划开工。经过两年半的工程，建筑师福斯特（Wei & Faust），保存了现有的建筑，并用心加入新元素。

历史建筑的精神保留下来，柏林的工业历史和社会历史也在这里得到见证。不同的历史遗迹保存于修复的建筑物当中，整体建筑被赋予了历史新生命。老旧的城墙里，隐藏着现代文化、商业中心、地下停车场、现代电梯、音响设备、空调设备、残障设施等，将19世纪的历史建筑，纳入了现代生活的便利性。

今天，这里变成大众喜爱的新去处，也变成艺术、文化、服务、商业园区，参观者可以体验摇滚乐、流行乐、古典乐、世界音乐等音乐演奏，各项展览、阅读、座谈会、剧场表演、音乐剧、歌舞剧、舞蹈、木偶戏等，也有小朋友的节目、嘉年华会，举办各种party，以及餐厅、电影院、商店、工作室、办公室等等。每年夏天的"露天经典夏日活动"也总是吸引许多人前来，冬天则有热闹温暖的圣诞市集。

这里无疑是成功转型的工业厂房，台湾地区也有许多类似的工业厂房，像是糖厂、酒厂、发电厂，也都可以循着类似的经营模式，不仅保存历史、保存记忆，也符合现代人的需求，一举数得。

C

D

The Kulturbrauerei |
www.kulturbrauerei-berlin.de

A.B ｜ 柏林文化酿酒厂外墙以黄砖交织成丰富
的图案，外形模仿中世纪城堡造型
C ｜ 园区里摆了一个巨型雕塑，写着德文 "爱"
D ｜ 柏林文化酿酒厂成功转换角色，利用闲置
空间变成文化商业园区

柏林的"螺"浮宫｜德国历史博物馆

古老的欧洲国家，每个城市都有为数不少的博物馆、美术馆与艺廊，而再知名、古典、精彩的博物馆，在经过一段岁月之后，可能空间不敷使用，可能展览主题乏善可陈，可能经营不善，可能都市计划变更，让一座原本应该很有看头的博物馆逐渐凋零。

巴黎最知名的卢浮宫也曾经有过这么一段不敷使用的岁月，最后在当时的密特朗总统钦点下，由华裔建筑师贝聿铭操刀，让卢浮宫再次成为世人的焦点，大胆创新的设计也曾经过一段巴黎人的纷纷扰扰，才让玻璃金字塔于20世纪80年代末问世。之后，卢浮宫的能见度大幅提高，再次成为巴黎的新地标，参观人次也大幅提升。近年来，高知名度又带给卢浮宫另一波人潮高峰，现在，金字塔的入口空间又再次不敷使用。

同样的故事，近几年也出现在柏林街头。最初，德国前总理柯尔，想兴建一座新的博物馆来代表柏林，邀请米兰建筑师罗西（Aldo Rossi）在国会大厦对面设计一座博物馆。未料两德统一后，新政府需要建造新的总理府，在衡量土地需求之后，国会大厦对面的土地决定让给总理府。

于是打造足以代表柏林的博物馆的计划落到从东德政府接收来的东柏林土地上，那儿早已有座德国历史博物馆（Deutsches Historisches Museum），位于菩提树下大道最重要的地段上，过去曾经是军火库的古典建筑。

尽管这是一座宏伟的巴洛克建筑，但仍比当初罗西的设计规模小，当时的馆长建议增建新的空间来应付需求，于是柯尔也指定贝聿铭担任改建建筑师，希望将卢浮宫的成功经验，移植到这个冷门又沉重的博物馆上。

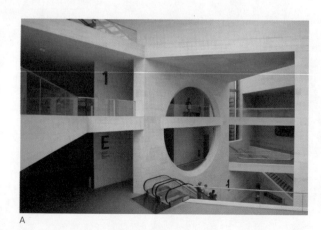

A

德国人似乎非常崇尚"建筑大师"的光环，走在柏林街头，不时可看到"大师级"的建筑作品，尽管这些大师作品评价不一。不过，这个案子对于贝聿铭来说，难度不亚于卢浮宫，毕竟这是一个名气不大，甚至冷门的空间，也没有太多明星级的收藏品加持。而贝聿铭的设计，没有让它沦为只是角落的扩建空间，新落成的设计，在旧建筑后方不起眼的角落上闪闪发光，特别的螺旋造型，日夜都吸引着大道上经过的行人。

贝聿铭使用沙岩柔软的印象来掌握敏感又巨大的几何空间，采用大量的预铸混凝土，楼梯间、天花板的梁、楣等也都采用混凝土，配上沙岩的黄色调，以精细的无缝细节呈现。贝聿铭并将旧馆的中庭加上玻璃顶盖，也将室内展览空间重新规划。

建筑师在地面层三角形的基地上，用一块蛋糕、一面墙、一座楼梯、一个艺廊、一座桥和巨大的三角柱堆叠在一起，一个像是大眼睛的设计，在一面墙上睁开着，是贝聿铭对于保罗·鲁道夫（Paul Rudolph）的怀念，一位对他而言很重要的美国当代建筑师。

博物馆入口处改由这里进出，透明的圆筒玻璃空间与大厅的大面积玻璃立面非常醒目。进入大厅后，有四个楼层，大量采用自然光，以地下通道与博物馆的主建筑相连，古典的建筑，透着玻璃，就在窄巷对面，新旧之间协调地相应着，也让这个原本阴暗的城市角落耳目一新。丰富的光影与挑高的空间，让人有种舒畅的第一印象，晚上更是视觉的焦点，闪闪发亮的玻璃螺旋让原本黑暗阴冷的暗巷恢复生机，也多了一个柏林夜间漫游的好去处。

B

C

D

A | 贝聿铭解释这个大眼睛的设计，是对美国当代建筑师保罗·鲁道夫的怀念
B | 窄巷间，新增建的空间与旧建筑之间相对应
C | 增建空间以大面积的玻璃拉近与古典建筑间的距离
D | 螺旋塔的内部结构

German Historical Museum |
www.dhm.de

黑森林中的绿花园 | Vauban 社区

位于德国西南边陲的弗赖堡，为美丽富足的黑森林所围绕，宜人舒适的温暖干燥气候，适合人居也适合种植葡萄。亲切、小巧、可爱、友善的城市，是我十分喜爱的德国城镇，虽然一整天大雨、小雨不断，仍旧不失我们对她的喜爱。

拜访弗赖堡，适合用双脚快意漫步城中的大小广场与大街小巷，游历古典建筑，钻入葡萄园，登上丘陵高点俯视，甚至连地面上都有让游人惊喜的马赛克拼图与弗赖堡特有的雨水回收沟渠。这里不仅是友善的大学城，近年来，致力于推展永续环境政策，在德国有"绿色之都"的美名，太阳能所带来的环境教育与观光产业，更让弗赖堡开始回收力行环保所衍生的经济效益。

这里也提供各式美味的德国餐点，有历史悠久的啤酒厂附设餐厅，有当地酿造的葡萄酒，有许多让人流连忘返的咖啡小馆，还有当地风味十足的传统早餐店，绝对是能满足旅人游兴，又充满居家温暖的好地方。

弗赖堡古典优雅的旧城区

● 关于弗赖堡

弗赖堡，源自自由之城（Free City）之意，自古以来位居欧洲贸易交通要道上，控制着地中海与北海、多瑙河与莱茵河之间。行政区属黑森林所在的巴登符腾堡州（Baden-Württemberg），是个拥有三万名学生的古老大学城，也是世界上少数几个率先持续执行永续发展概念的城市。

历史上的弗赖堡，在 1368 年曾划归奥匈帝国的哈布斯堡王朝统治，也曾被法军占领，因此这个边境城市，拥有日耳曼之外的异国情调，也增添她的独特魅力。旧城区里著名的弗赖堡大学创建于 1457 年，是德国几所古老的大学之一，1899 年，这里录取了第一位德国女性进入大学就读。走在旧城里，常常不经意与大学校舍擦身而过，窗户里的教授与学生们正热烈讨论学问，而校区附近则有许多值得一逛的书店与经济实惠的餐饮店。

"二战"时，弗赖堡遭受到严重轰炸，现在几乎都是战后复原重建的风貌，战后的弗赖堡一直有法军驻扎此地，两德统一后，1991 年才全数撤离，军营所在地因缘际会成为弗赖堡市府进行永续社区的最佳实验场。占地 38 公顷，总造价约 5 亿欧元，容纳 5000 位居民，创造了 600 个工作机会的 Vauban 社区，秉持原创性概念，就是让参与者一边规划也一边学习的原则，让规划过程充满弹性，不完全受限于法规，也让工时延长许久。直到 2006 年底，历时 14 年的三期工程全部竣工，总共包含了 1008 个住宅单元与 596 个学生住宿单元。

A.B | 从山坡上远望旧城区，亦可环视周围黑森林美景

A

●永续之都

漫步优雅的旧城之后，借着交换访问的机会，在弗赖堡大学教授的推荐下，走访旧城南方三公里，被德国列为绿社区典范的 Vauban 社区。

搭上刚完成不久的 3 号电车，新的电车路线专为这个社区而设，进入社区前，先经过许多公共建设、卖场、停车场，全都是新颖彩色的建筑物，重点是这些建筑上头都铺满大面积的太阳能光电板。当然，整个社区的建筑都遵循着绿建筑设计准则。彩色的立面、茂盛的植栽、年迈的老树，走在其中绿意满盈，每家人的阳台、楼梯口、大门口也都种满了植栽，有机又舒适，连电车轨道也铺在肥美的绿草地上。

弗赖堡近年来致力于推展永续环境政策，在德国与国际间有"绿色之都"的美名，是欧洲太阳能之都，也是欧洲环境之都。城市中处处可见到以环保省能为诉求的各种设计与政策执行，从城市门户的 DB 火车站大楼即可看出端倪。建筑的南向立面与后站的脚踏车棚顶部，都铺设着大面积的太阳能光电板、旧城区的沿街建筑物、百货公司外头的遮阳板、候车亭、市郊足球场看台顶部、住家屋顶，甚至地方的啤酒厂，都可见到一片片黑亮的太阳能板。搭配街道两旁作为雨水回收之用的沟渠，以及满城跑的脚踏车，让访客对于弗赖堡第一眼就留下深刻印象。

B

C

D

A

E

F

G

H

A｜弗赖堡城市中随处可见以环保省能为诉求的设计，DB 火车站大楼外侧也铺满了太阳能光电板

B｜社区入口处的名为太阳能停车场（Solar Garage）的公共停车场，屋顶铺满 PV 板。社区街道仅能提供临时停车，所有车辆都得停放这里

C｜火车站后方的脚踏车棚顶部，也有大面积的太阳能光电板

D｜弗赖堡是个对脚踏车友善的城市

E｜每栋住宅顶楼，都铺设了大面积的太阳能光电板

F.G.H｜社区里多元设计的建筑群，是建筑师与住户沟通而来的设计

●社区民众参与

Vauban 社区的成功，关键在于社区营造与民众的参与，因为"人"与"生活品质"是永续发展的中心议题与最终目标。社区从纸上规划阶段到居民真正入住，模糊了拥有者与开发者之间的界线，居民早在规划之初即拥有参与建筑形式、开放空间比例与细部设计的各种参与权，一个稳定的社区架构也在完全自主的规划过程中建立。

其中关键性的角色，就是成立于1994年，以居民为主要成员的 Vauban 论坛。这个非政府组织下有专职的专业成员，主要功能在于组织民众、教育民众、执行民众参与、支持社区开发案、永续发展资讯与技术的分享、交通与能源议题管理等。除了定期开会讨论，也统筹多达 40 种的居民工作坊，定期发行季刊，不定时举办旅游活动，借由与其他类似形态社区的互访观摩学习，当然也负责接待导览慕名而来的观光客。

访客可以自行搭电车到社区走走，若想要深入了解，则可通过社区解说服务，需事前预约。

Vauban district | www.vauban.de

特别为 Vauban 社区规划的电车路线，轨道铺面仍尽量维持绿化

水泥丛中逢甘霖 | 柏林雨水回收池

柏林是个钢筋与水泥的城市，与其他大都市一样，普遍存在着雨水储存有限、透水层面积不足、地下水吸收量不够的情况，因此如何运用最新科技，让大自然的雨水充分回收再利用，是水资源匮乏的今天，每个城市都该考虑的问题。

而隐藏在柏林都市丛林中，就有这么一个先进的城市雨水回收系统，以大尺度、跨建筑的方式进行着，于 1998 年纳入柏林的都市计划内。其中，最先实施也最成功的案例就是，以戴姆勒—克莱斯勒区域（Quartier Daimler Chrysler）和波茨坦广场（Potsdamer Platz）为中心的 19 栋高层建筑，也就是所谓的建筑大师区块，包含了购物商场、剧院、办公室等建筑形态。

这 19 栋建筑群的屋顶雨水总收集面积达 48000 平方米，收集后的雨水统一导流至 3500 立方米的地下水箱储存。这些年来，每年平均有 58% 的雨水可现地回收利用，约有 23000 立方米的雨水量，每年节省了约 2430 立方米的干净用水。回收雨水大部分用来作为浴厕冲水及园艺灌溉，波茨坦广场附近还利用这些雨水，做了许多人造水景，在商业区里颇获好评。这些水元素造景不仅改善了都市的微气候，也让都市行人在视觉与舒适度上有相当高的满意度，是非常成功的案例。

此外，都市规划法明文规定的绿色屋顶设计，除了保温作用与使用者空间品质提升外，对于雨水回收利用也有很大的帮助。再者，柏林的雨水回收系统采用分散式收集、集中式处理的方式，大幅减少未经处理的雨水或污水，直接排放至干净地下水层的机会。这个案例也验证了大规模雨水回收系统可以成功运用在商业区中，对于目前全球都市普遍面临的问题，提供了参考，包括饮用水质量不足的问题、都市排放水污染干净地下水的问题、都市洪水、雨水浪费等问题。

以德国全国而言，至 2001 年为止，总共有五十万个大大小小的雨水回收系统，目前每年以约 50000 个的数量持续增加中。都市雨水回收系统的设置，对于防范都市洪水、节省与利用水资源、创造更舒适的都市微气候等皆有很大的帮助，对于推行绿色环保政策，德国政府的确不遗余力。

戴姆勒—克莱斯勒区域一带有许多利用回收雨水所设计的人造水景

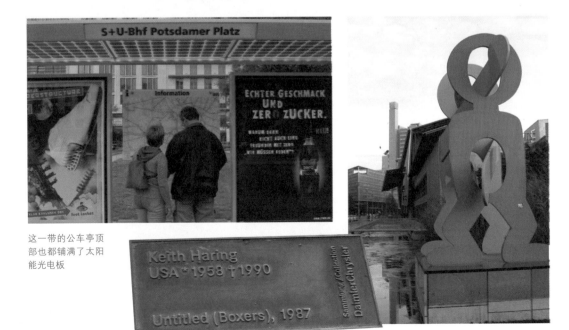

这一带的公车亭顶
部也都铺满了太阳
能光电板

办公新概念｜汉诺威绿色办公建筑

绿建筑、省能建筑、永续建筑，是德国建筑中最重要也最有成就的项目。能源问题将是这个世纪最大的争端，如何在建筑、都市规划、工业、产品等各方面，达到省能的目标，也一直是近年来欧美国家最热门的研究领域，尤其西欧、北欧国家投注大量资金与人才，从事各种研究与实验，累积了丰硕的成果，当然，这些都需要政府在政策与预算方面全力支持。

A

A｜建筑物一楼开放为商店、艺廊、咖啡馆、餐厅，让市民与访客也共同享有这个高品质的建筑空间

B｜这是一栋兼具解构主义与有机主义风格的绿色办公室，大量玻璃量体与透明动线彼此堆叠交错，未来感十足。底层金字塔造型玻璃量体为员工餐厅与银行主要门厅

B

　　先进的绿建筑，不再只是消极的省能，更要积极地自我供应能源，绿建筑的设计也不再一味地限制建筑设计本身，绿建筑设计也一样能充满趣味与创意，建造一栋夸张酷炫的耗能建筑，不再是建筑的长久之计，能提供舒适实用、为地球节省能源的绿建筑，才是未来之道。德国在这方面的表现，不管是小规模的住宅建筑、中型的公共建筑、大范围的社区，都有杰出的表现，也一直是全球学习的对象。

　　北德意志联邦银行总部（Norddeutsche Landesbank HQ），这栋位于汉诺威市中心的办公大楼，盘踞了整个街廓，是德国建筑大师京特·贝尼施（Günter Behnisch）于 2002 年退休前的封笔之作，也是国外近年来讨论绿色办公大楼案例时，常被提及的佳作。

　　1922 年出生的建筑师京特·贝尼施，对于近代有机建筑风格影响深远，提携后进不遗余力，许多德国知名建筑师都出其门下。他深受有机主义、存在主义、模组化技术的影响，也擅长利用最新工法与结构技术来构筑他的作品。1972 年慕尼黑奥运主场地与奥林匹克园区就是他知名的作品，当时的德国急于摆脱希特勒时期柏林奥林匹克主场地的集权主义印象，因此采用有机造型、不对称、新材料、新结构的设计，最后的目的是成为一座绿意盎然的市民公园。

　　而这栋宛如城市中一座大型玻璃雕塑的办公建筑，17 层高、多面向、不对称且楼层互相交错，更是建筑师想要一展所长、引人目光的地方。在规则的都市纹理中，适当突显自己的雕塑性，采用随着光影变化的金属镀膜玻璃，手法内敛而高明，夜间灯光也非常醒目。

　　建筑师将地面层空间全数释出，设计成一个拥有绿地与水景的半开放空间，除了串联周围的商业空间、住宅空间与绿地外，亦设有商店、艺廊、咖啡馆、餐厅，让市民与访客共享有这个高品质的都市空间。

　　这栋带有有机主义色彩与解构主义色彩的办公大楼，之所以与其他办公大楼不同，除了造型，另一个特别之处就是它的环境友善设计。沿着街廓的传统办公建筑在屋顶设置屋顶花园，搭配大面积的公共中庭，除了让员工有充足、高品质的户外休憩场所，也兼具雨水回收的功能，更拥有调节微气候的重要功能。

建筑物的被动式冷却通风设计，让使用者可自行调控自然采光量，冬天亦无须中央暖气的节能帷幕玻璃系统

　　京特·贝尼施的设计没有传统耗能的空调系统，仅借助精心设计的双层玻璃，利用温差与适度的机械通风，让整栋建筑物的冷却换气得以完全借由自然通风达成。采用大量玻璃引进天光，让每个使用者可以借由双层玻璃之间的百叶以及户外的遮阳板，自行独立调控所需的光量、采光方式（直接与间接）与遮蔽量，大幅降低对人造光源的依赖。

　　中庭大面积的水景设计，也是为了自然采光的需求，因为水面可以将光线反射至天花板再漫射下来，让光线不只是从上方来，还可辅以下方来的柔软漫射光。因为光线充足，也大幅减低高纬度国家冬天常有的季节性忧郁症。此外，被动式的太阳能设计与绝佳的保温性，纵使在冬天，室内亦可借由温室效应保持一定的舒适度，无须依赖中央暖气系统。

　　根据事前评估，此建筑物冷却通风的耗能需求会远大于暖房需求，因此建筑师设计时特别考量冷却通风的需求。在混凝土楼板中埋设阵列水管，抽取地下数十米的冰冷地下水，进行辐射冷却的功能，对于夏天过热的情况或是办公室夜间冷却有非常大的帮助，因为仅需动用泵抽取地下水进行冷却，而非传统的高耗能压缩机，省能效益非常可观。夏天水循环所吸收的热能，则导入地下保温储水槽，冬季时再循环使用变成辐射热，充分利用地层保温的自然特性，事实证明非常环保且具经济效益。能在这栋兼具高舒适度与环境友善的办公环境工作，银行员工也与有荣焉。

在规则的都市纹理中，适当突出建筑本身的雕塑性

有机主义色彩与解构主义
色彩浓厚的办公大楼，是
德国建筑大师京特·贝尼
施于 2002 年退休前的封
笔之作

延伸一世纪的铁道梦｜柏林中央车站

犹记得，2006 年世界杯开踢前，在电视新闻中看见德国总理为这栋象征德国精神的巨硕柏林中央车站（Berlin Hauptbahnhof）风光开幕。过没多久，我们也很幸运地搭乘 ICE 进站，亲眼见识这座庞然大物。

这个车站不只是德国境内最新最大的 DB（Deutsche Bahn AG，德国铁路公司）车站，也是整个欧洲最大的车站建筑，位置紧邻总理府建筑群与德国国会，面对着施普雷河（River Spree），往西是当初西柏林的终点站"动物园车站"（Zoologischer Garten Station），往东则是当初东柏林的终点站"东站"（Ostbbahnhof），位置适当且便利。当时规划的雷尔特车站（Lehrter Bahnhof），因为柏林围墙的分割而遭到废弃，直到东西德统一后的今天，才又从边陲回到中心，这是一段感伤的历史。

一个世纪前，德国工业化的成功，让柏林拥有先进的都市铁道系统，成为许多工业化国家的仿效对象。而都市规划者更企图在柏林实现更完整的都市公共运输系统，除了成为德意志帝国的转运中心，也企图让它成为全欧洲的转运中心。

20 世纪初的柏林在完成环城线之后，城区外围的车站得以彼此串联，规划者更进一步想要连通市中心的南北线，而柏林中央车站前身的雷尔特车站刚好位于此路线上。然而，经过两次世界大战的战火，雷尔特车站于 1957 年遭东德国铁拆除。

A

A｜大跨距、半户外的月台空间，以玻璃和钢骨构成，中央完全无支撑
B｜从柏林车站可远望国会大厦的玻璃圆顶
C｜新车站肩负国际长途列车、国内中长途列车、郊区通勤电车，以及地铁的整合转运大任

DB 著名的国铁钟，代表德国火车的准点

● 首都新门户

　　完整的柏林铁道网计划，一直到1989 年两德统一后才再次浮上台面，尤其是 1994 年德国政府正式迁都柏林后，前东西德国铁也在同年正式合并，成为现今的德国铁路公司。德国在柏林围墙拆除后，大刀阔斧地重建德意志首都，希望重现昔日风华，完成许多国际瞩目的政府机关建筑、商业建筑、住宅建筑，而肩负着都市公共运输网络转运站的重责大任，又足以代表新德国、新柏林、新欧洲的首都新门户，兴建柏林火车总站成了当务之急。

　　位于施普雷河北岸，拥有绝佳位置的雷尔特车站成为首选。1993 年德国建筑师事务所：冯·格康、玛格及合作者建筑师事务所（Von Gerkan Marg & Partner）取得设计权，1998 年车站主体正式开工，2001 年东西向高架铁道完成，东西柏林完全连通，2006 年 5 月 26 日世界杯前，六条南北向地底隧道完成，车站也正式开幕。这座超尺度的柏林中央车站建筑，前后花了 13 年时间与七亿欧元，实现了一世纪前柏林的首都铁道网梦想，也宣告新柏林时代的来临。

地下南北向的铁道与月台空间

A

● 超尺度玻璃量体

　　柏林中央车站是目前欧洲最大的立体式车站，一年可承载 3000 万的旅客量，肩负着 DB 国际长途列车、国内中长途列车、郊区通勤电车，以及 BVG 地铁的整合转运大任。由玻璃与钢骨所组成的庞大车站，成了柏林最显著的地标之一。挑高 27 米的室内中庭，利用透明电梯、电扶梯、天桥连通不同的楼层与平面，借着列车与旅客这些动态元素在空间中的彼此穿梭，制造互动与趣味性。大跨距、半户外的月台空间，以玻璃和钢骨构成，中央完全无支撑。屋顶亦覆盖了 780 片太阳能板模组，再次展现这个太阳能国度的实力。此外车站空间采用大量的自然采光，减少使用人造光源以及站内设置的雨水回收系统，也都是柏林车站的环保节能措施。

B

A.D｜挑高 27 米的室内，利用透明电梯、电扶梯、天桥连通，借着列车与旅客彼此穿梭，制造空间的互动与趣味性
B｜从施普雷河上看柏林新站的正立面，河岸边也因应新站落成，规划成为新兴的休憩区

● 视觉上的人权

德国国铁在兴建过程中为了节省经费，要求建筑师将车站的玻璃屋顶由原本的 450 米变成 320 米，更在未取得建筑师同意的情况下，擅自委托其他建筑师修改原始设计。为了节省经费，材料、采光和造型都欠缺考量，媒体对于这种开设计倒车的表现都严加批评，许多柏林人表示，这个宛如地下碉堡的压迫空间，让他们在长期使用之后有了所谓的幽闭恐惧症，让每天进出的 30 万乘客，在视觉上与心理上遭受相当程度的折磨。

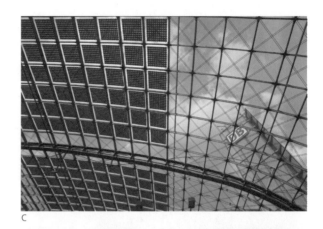

C

建筑师因此正式提出控告，他认为这是侵权行为，让空间品质大打折扣，也让建筑设计变得残缺不全，一直以"视觉人权"（Human Right of Eyes）的观点企图说服法官。他认为人有欣赏美丽事物的自由与权利，丑陋的设计对于广大的使用者是长期的心理折磨，尤其是车站这类高度使用的公共建筑，而诉讼至今仍未定夺，相信这个判决将成为重要的建筑判例。

D

虽然建筑美丑与否的观感见仁见智，不过这个车站空间给我的感受，除了大，还是大，而且又干又硬、欠缺亲切感，如果能在空间中增添一些温馨体贴的设计，或是搭配不同的色彩规划与公共艺术，对于使用者的视觉与感受将大有帮助。虽有详尽的指标，却不易辨识，就连 DB 售票处，应该是最清楚易辨识的地方，却只写着德文"Reisezentrum"，混在众多的商店里，实在很难发现，就连德国人自己都说搞不清楚。

E

C｜月台顶部覆盖了 780 块太阳能光电板
E｜就是这个宛如地下碉堡的压迫空间，让建筑师为了视觉人权而控告

DB | www.hbf-berlin.de

哈迪德的灰色太空船｜沃尔夫斯堡
科学中心 Phæno

与英籍伊拉克裔的女性建筑师扎哈·哈迪德（Zaha Hadid）相遇，是旅途中的意外，原本的行程仅打算造访位于沃尔夫斯堡的大众汽车城。完全没料到一走出沃尔夫斯堡火车站，眼前却出现这栋超未来的建筑费诺（Phæno）——沃尔夫斯堡科学中心（Wolfsburg Science Centre），让人有点措手不及。

沃尔夫斯堡是著名的汽车工业城，1938 年开始生产汽车，曾有两千万辆的金龟车从这里出厂。汽车城转型为可参观的园区后，吸引了不少访客，而这座新的科学中心更一肩挑起科技与休闲的责任。

费诺是德国首座这类形式的建筑，以极神秘的形态出现，吸引许多人的好奇心与探索的欲望，报章杂志的评论也非常多元。的确，站在它面前，感觉复杂而奇妙，是个非常特殊的结构体，不知道该从哪里定义它。这栋建筑的区位很好，火车站前的腹地自然深入了建筑中，又与沃尔夫斯堡几栋重要的文化建筑比邻，阿尔托（Alvar Aalto）、汉斯·沙龙（Hans Scharoun）等大师的作品都在这附近。而跨越铁道就是沃尔夫斯堡最知名的大众汽车城，视觉轴线接收了城市这一方来的方向，转入铁道对面的汽车城，而混凝土结构与 VW 大众汽车的砖厂相对应。

A｜费诺的地面层是半户外的穿透空间，前往大众汽车城需从这甬道经过
B｜由地面层的强化玻璃块的分布与混凝土的配置及四个各具特色的立面分割，内部空间诡谲多变

花费 1500 万英镑造价的未来建筑，业主是沃尔夫斯堡市政府的文化与体育部门，用途是沃尔夫斯堡的科学中心，里面提供展场、餐厅、咖啡馆、商店、演讲厅、地下停车场等现代复合式空间。面积有一万两千平方米，外形超过两万七千立方米的混凝土，内部展场高达八米，地下则有座大容量的停车场。庞大、厚重、围绕式的结构，建筑师以多孔状态来分解，许多的开孔对着大众汽车城的各个角度。

带着超级巨星扎哈·哈迪德的光环，沃尔夫斯堡接受了这个极度夸大的建筑，是为了实现公共建设或是为了成为目光焦点，都还未有定论。不过，弯曲变形的未来建筑形式，是造型绝佳的混凝土建筑，也是扎哈·哈迪德最完美的呈现，她挑战了传统设计手法，压缩建筑历史，结合传统与现代科技，就像传统手工形式遇见先进的电脑分析，建筑师说这是一个微型城市的实验。

扎哈·哈迪德以她惯有的设计手法——非常机械、几何、霸气的风格，企图改变沃尔夫斯堡的形象。但是，费诺在沃尔夫斯堡是何角色？它与周遭环境关系为何？它如何扮演一个科学中心？如何帮助沃尔夫斯堡蜕变成文化城市？这些是否已考虑周全？完工后，张牙舞爪的空间，备受各方争议与讨论，这只大蜥蜴如何扭转汽车工业城市的印象，还需要时间来解答。

Phæno | www.phaeno.de

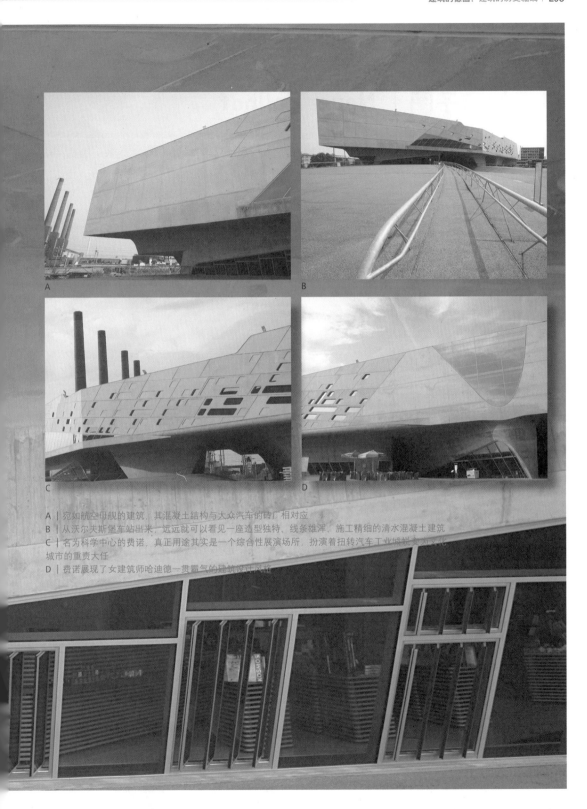

A｜宛如航空母舰的建筑，其混凝土结构与大众汽车的转厂相对应
B｜从沃尔夫斯堡车站出来，远远就可以看见一座造型独特、线条雄浑、施工精细的清水混凝土建筑
C｜名为科学中心的费诺，真正用途其实是一个综合性展演场所，扮演着扭转汽车工业城枯燥刻板文化
城市的重责大任
D｜费诺展现了女建筑师哈迪德一贯霸气的建筑设计风格

格里的亲子图 | Neue Zollhof

夏末的午后，搭火车来到杜塞尔多夫（Düsseldorf），转搭区间电车 S28 来到 D-Völklinger Str 站，只为一睹弗兰克·格里（Frank O. Gehry）在河岸边的建筑作品。从电车站出来走了好长一段路，经过住宅区、公园，终于见到 "Neue Zollhof"。

优雅的三栋建筑就矗立在莱茵河传媒港（Media Harbor）码头边，这里过去是海关码头，三栋建筑各自独立、规模庞大、颜色鲜明，自然是河岸边最抢眼的建筑景观。建筑师没有让建筑失去掌控或是变得张牙舞爪，彼此不同的设计，和谐地放在一起。建筑物的大小比例没有终止对街原有建筑的纹理，反而和它们自然地对起话来，尊重原本存在的街道网络。建筑师以艺术的线条来处理这三栋建筑的立面，外墙上看似一个个标准的窗户，其实又各自不同，而复杂的结构也完美地隐藏起来。

三栋弯曲又皱褶的建筑，建筑师自己形容它们分别是父亲、孩子和母亲，站在港边最好的位置，拥有莱茵河的绝佳视野，分别在 1998、1999 年完成。红褐色的

11 层楼，外皮是砖图案，影射过去港边的工厂、仓库与设备等空间的印象；白色的 13 层楼，最接近市中心，构想是要温文儒雅，呼应杜塞尔多夫的都市建筑，光是这栋建筑中，就涵盖了 1600 个窗户；七层楼高的则是金属外皮，反射旁边两栋建物。

码头区位于市中心西南边，三栋建筑主要提供办公空间给媒体、设计、行销、广告等产业使用。这一带码头沿岸也有许多精彩的新旧建筑，河滨更是热门的城市散步道，尤其傍晚时分，居民、游客都喜欢从这里经过，散步、慢跑、单车、直排轮，非常热闹。

这里虽没有格里其他作品如毕尔巴鄂古根汉博物馆或是迪斯尼音乐厅的夸张造型，不过，在办公大楼的建筑中，

Neuer Zollhof | www.arcspace.com
The MediaHarbor buildings | www.duesseldorf.de

仍是非常经典的"格里曲线"。杜塞尔多夫，一个富足自信的德国城市，这三栋建筑让我想起布拉格的跳舞房子——罗杰斯与阿斯泰尔（Ginger Rogers and Fred Astaire），也是格里的作品，只是杜塞尔多夫的城市节奏更适合跳舞，因为布拉格的古典城市纹理似乎较难施展，这里的天空则能随意挥洒。

格里是国际知名建筑大师中，在德国很活跃的一位，1989 年得到普利兹克建筑奖时，刚好完成他在欧洲第一栋建筑设计，也就是 Vitra 设计博物馆，之后柏林的 DG 银行大厦、汉诺威的格里塔（Gehry Tower）、最新的德国黑尔福德（Herford）当代美术馆玛塔（MARTa），以及这三栋办公大楼都是大师在德国的精彩作品。这位犹太出身的建筑师，擅长运用廉价甚至粗糙的材料，以流动弯曲的线条表现建筑的艺术。他是 20 世纪末、21 世纪初的解构建筑大师，也改写了当代建筑史的重要一页。

格里的亲子图
三栋弯曲又皱褶的建筑，建筑师自己形
容它们分别是父亲，孩子和母亲

外星人入侵｜慕尼黑安联球场

从慕尼黑市中心搭上 U6 地铁，我们刻意选在傍晚时分抵达球场，这样才有机会看见球场的灯光秀。没有球赛的傍晚，U6 列车上显得空空荡荡，到 Fröttmaning 站之后，发现原来参观人群还不少，从车站月台穿过空桥，到球场的距离看似不远，其实也超过一公里，因为得经过一个号称欧洲最大的停车场范围，这个地下停车场可容纳 9800 部小客车与 350 部大巴士。

　　一圈很未来、很太空的白色环状建筑立在不远处，我们在夕阳之前到达，看见天空由蓝转红，半透明的建筑物在夕阳中显得诡异奇特，夕阳西下后的晚上八点，果然亮起灯光，一白一红交错着，慕尼黑的安联球场（Allianz Arena），此刻就像外星人入侵般，吸引着每个人的目光。

　　球场是由瑞士建筑师雅克·赫尔佐格（Jacques Herzog）和皮埃尔·德·梅隆（Pierre de Meuron）设计，他们也是 2001 年普利兹克建筑奖得主。1978 年在家乡巴塞尔（Basel）成立建筑师事务所，现在全球各大城市有多处分部。一直很喜欢这两位建筑师的另一个重要作品，以伦敦泰晤士河畔旧火力发电厂改建的泰特现代美

术馆（Tate Modern），是千禧年成功的改建案例。

　　而这座 2006 年世界杯主球场之一的慕尼黑安联球场，被昵称为"Ring of Fire"，影射着瓦格纳音乐剧的《尼伯龙根的指环》，或像托尔金的"魔戒"一样，光亮、立体、迷人，没有人能抵抗这样的诱惑。

　　2001 年秋，慕尼黑市民投票通过，决定兴建一座可容纳六万六千名观众的足球场，耗资三亿六千万美金，光是厕

Allianz Arena | www.allianz-arena.de

所就有 550 间。这里是慕尼黑的两个职业足球队拜仁慕尼黑和慕尼黑 1860（FC Bayern München 和 TSV 1860 München）共同的家，而且不仅是足球场，还规划了商业中心，包含了 106 个 skybox（看球赛的 vip 厢房）提供租用，每年租金可达 10 万到 30 万美元，2005 年正式开幕。

　　球场建筑的外壳内含 5344 个灯泡，亮红灯代表拜仁队，亮蓝灯代表 1860 队，亮白灯则是国家队，若是不断变换灯光颜色，就代表有其他活动，是很有意思的灯光秀。建筑材料与建筑师用在东京青山、表参道上普拉达旗舰店所使用的材料相同，造型以电脑模拟设计，最后请来 35 名攀岩手上场，以 2874 片 ETFE 充气薄膜的塑胶材质组装而成，0.2 厘米厚的材料远看是白色，其实是一个个小孔洞组成，因此近看可以穿透。2008 年北京奥运的场馆之一，国家游泳中心"水立方"外部也采用同样材质，由澳洲 PTW 建筑事务所的两名建筑师约翰·保林（John Pauline）与托比·王（Toby Wong）设计。

　　而北京奥运的主馆"鸟巢"，则同样是雅克·赫尔佐格和皮埃尔·德·梅隆这两位瑞士建筑师的作品。

A

B

C

A｜慕尼黑球场外壳以 2874 片 ETFE 充气薄膜塑胶材质组成，0.2 厘米厚的材料远看是白色，近看则是透明小孔，与北京奥运场馆之一 "水立方"，以及东京青山、表参道上普拉达旗舰店所使用的材料相同
B｜球场外的路灯设计与移动式冰淇淋车
C｜从地铁站 Fröttmaning 远望光亮、立体、迷人的球场，球场的灯光设计由德国著名的西科特负责

图书在版编目（CIP）数据

德意志制造／李蕙蓁，谢统胜著．—2 版．-北京：生活·读书·
新知三联书店，2013.2　（2013.7 重印）
ISBN 978 - 7 - 108 - 04405 - 1
Ⅰ.德…　Ⅱ.①李…②谢…　Ⅲ.①工业产品 - 产品设计 -
研究 - 德国②建筑设计 - 研究 - 德国　Ⅳ.①TB472②TU2

　　中国版本图书馆 CIP 数据核字(2013)第 000344 号

本书经台北时报出版公司独家授权，限在大陆地区发行。

责任编辑　王振峰
装帧设计　罗　洪
责任印制　郝德华
出版发行　**生活·读书·新知** 三联书店
　　　　　（北京市东城区美术馆东街 22 号）
邮　　编　100010
图　　字　01 - 2008 - 2578
经　　销　新华书店
印　　刷　北京图文天地制版印刷有限公司
版　　次　2009 年 2 月北京第 1 版
　　　　　2013 年 7 月北京第 2 版第 4 次印刷
开　　本　720 毫米×965 毫米 1／16　印张 19
印　　数　15,001 - 20,000 册
字　　数　150 千字　图片 545 幅
定　　价　58.00 元